教育部职业教育与成人教育司推荐教材
中等职业教育技能型紧缺人才教学用书

饰 面 涂 裱

（建筑装饰专业）

主编　顾惠根
主审　孙亚峰　钟　建

中国建筑工业出版社

图书在版编目（CIP）数据

饰面涂裱/顾惠根主编．—北京：中国建筑工业出版社，2007
教育部职业教育与成人教育司推荐教材．中等职业教育技能型紧缺人才教学用书．建筑装饰专业
ISBN 978-7-112-08628-3

Ⅰ．饰… Ⅱ．顾… Ⅲ．饰面-涂漆-高等学校：技术学校-教材 Ⅳ．TU767

中国版本图书馆CIP数据核字（2007）第004747号

教育部职业教育与成人教育司推荐教材
中等职业教育技能型紧缺人才教学用书

饰面涂裱

（建筑装饰专业）

主编　顾惠根
主审　孙亚峰　钟　建

*

中国建筑工业出版社出版、发行（北京西郊百万庄）
新 华 书 店 经 销
霸州市顺浩图文科技发展有限公司制版
北京市密东印刷有限公司印刷

*

开本：787×1092毫米　1/16　印张：11　字数：268千字
2007年2月第一版　2007年2月第一次印刷
印数：1—3000册　　定价：18.00元
ISBN 978-7-112-08628-3
（15292）

版权所有　翻印必究
如有印装质量问题，可寄本社退换
（邮政编码 100037）

本社网址：http://www.cabp.com.cn
网上书店：http://www.china-building.com.cn

本教材是根据"中等职业教育建设行业技能型紧缺人才培养培训指导方案"和建筑装饰专业"教育标准"与"培养方案"的要求编写的。书内容将涂裱工程常用的材料及涂裱的部位划分为涂料涂饰施工、油漆涂饰施工、裱糊饰面施工和门窗玻璃裁装施工四类,将每一类型作为相对独立的项目,集中在一个单元。教材内容力求体现新工艺、新材料、新机具,突出实用性,力求创新,强调规范性。本书编写中以现行的国家标准、行业标准为依据,以最新版的建筑装饰施工、装饰材料、五金手册类图书为参考,并以国家教育部和建设部提出的培养中等职业技能型人才目标为核心。使教材内容符合行业发展现状,适合职业教育的需要。

本书主要用于中等职业学校建筑装饰专业教学,也可作为相关行业岗位培训教材或自学用书。

* * *

责任编辑:朱首明　陈　桦
责任设计:董建平
责任校对:沈　静　王金珠

出 版 说 明

为深入贯彻落实《中共中央、国务院关于进一步加强人才工作的决定》精神，2004年10月，教育部、建设部联合印发了《关于实施职业院校建设行业技能型紧缺人才培养培训工程的通知》，确定在建筑（市政）施工、建筑装饰、建筑设备和建筑智能化四个专业领域实施中等职业学校技能型紧缺人才培养培训工程，全国有94所中等职业学校、702个主要合作企业被列为示范性培养培训基地，通过构建校企合作培养培训人才的机制，优化教学与实训过程，探索新的办学模式。这项培养培训工程的实施，充分体现了教育部、建设部大力推进职业教育改革和发展的办学理念，有利于职业学校从建设行业人才市场的实际需要出发，以素质为基础，以能力为本位，以就业为导向，加快培养建设行业一线迫切需要的技能型人才。

为配合技能型紧缺人才培养培训工程的实施，满足教学急需，中国建筑工业出版社在跟踪"中等职业教育建设行业技能型紧缺人才培养培训指导方案"（以下简称"方案"）的编审过程中，广泛征求有关专家对配套教材建设的意见，并与方案起草人以及建设部中等职业学校专业指导委员会共同组织编写了中等职业教育建筑（市政）施工、建筑装饰、建筑设备、建筑智能化四个专业的技能型紧缺人才教学用书。

在组织编写过程中我们始终坚持优质、适用的原则。首先强调编审人员的工程背景，在组织编审力量时不仅要求学校的编写人员要有工程经历，而且为每本教材选定的两位审稿专家中有一位来自企业，从而使得教材内容更为符合职业教育的要求。编写内容是按照"方案"要求，弱化理论阐述，重点介绍工程一线所需要的知识和技能，内容精炼，符合建筑行业标准及职业技能的要求。同时采用项目教学法的编写形式，强化实训内容，以提高学生的技能水平。

我们希望这四个专业的教学用书对有关院校实施技能型紧缺人才的培养具有一定的指导作用。同时，也希望各校在使用本套教学用书的过程中，有何意见及建议及时反馈给我们，联系方式：中国建筑工业出版社教材中心（E-mail：jiaocai@cabp.com.cn）。

中国建筑工业出版社
2006年6月

前　言

　　根据建设行业技能型紧缺人才培养指导方案的指导思想，中等职业学校必须以就业为导向，以能力为本位的要求编写本书。"饰面涂裱工程施工工艺"是建筑装饰专业（施工）的核心教学与训练项目之一。本书编写打破传统专业教材模式，体现项目法教学的特点，首先对基本知识、常用材料选用和施工机具运用进行概述，然后分课题进行施工工艺、施工操作要点等方面的叙述，并将这些知识进行有机整合，图文并茂、通俗易懂，数据实用而规范，突出综合性并按照培养目标要求，拟订一整套分阶段、分步骤循序渐进式的操作技能训练的实施方案和建议。

　　本书内容将涂裱工程常用的材料及涂裱的部位划分为涂料涂饰施工、油漆涂饰施工、裱糊饰面施工和门窗玻璃裁装施工四类，将每一类型作为相对独立的项目，集中在一个单元。为了避免相似内容的重复，将各类常用材料选用和施工机具等共性内容，集中在一个单元介绍。

　　教材内容力求体现新工艺、新材料、新机具的特点，突出实用性，力求创新，强调规范性。因此在本书编写中以现行的国家标准、行业标准为依据，以最新版的建筑装饰施工、装饰材料、五金手册为参考，并以国家教育部和建设部提出的培养中等职业技能型人才目标为核心。教材对教学活动既有明确的指导性，也有一定程度的参考性和引导性，以利于教师和学生创新思维、创新能力的发挥。

　　本书主要用于中等职业学校建筑装饰专业的教学，也可作为相关行业的岗位培训教材或自学用书。

　　本书由上海市建筑工程学校顾惠根主编，苏康明参编。在本书编写过程中，得到了有关领导和同行的支持及帮助，同时参考了一些专著书刊，在此一并表示感谢。内容中如有不当之处请专家与读者予以指正。

编者
2006 年 7 月

目 录

单元1 饰面涂裱概述 ·· 1
课题1 饰面涂裱工程的概述 ·· 1
课题2 饰面涂裱的基本知识 ·· 12
思考题与习题 ·· 29

单元2 饰面涂裱施工的常用材料、选用方法和工具、机具 ···················· 30
课题1 饰面涂裱施工的常用材料及选用 ······································ 30
课题2 饰面涂裱施工的常用工具、机具及使用保管 ···························· 48
课题3 技能训练 ·· 61
思考题与习题 ·· 62

单元3 涂料涂饰施工 ·· 64
课题1 内墙（顶棚）涂饰施工准备 ·· 64
课题2 内墙（顶棚）涂料涂饰施工 ·· 73
课题3 涂料涂饰施工课程技能训练 ·· 88
思考题与习题 ·· 89

单元4 油漆涂饰施工 ·· 90
课题1 油漆涂饰施工准备 ·· 90
课题2 地面涂饰施工 ·· 108
课题3 门窗涂饰施工 ·· 114
课题4 细部涂饰施工 ·· 127
课题5 油漆涂饰施工课程技能训练 ·· 134
思考题与习题 ·· 135

单元5 裱糊饰面施工 ·· 136
课题1 壁纸、墙布裱糊施工准备 ·· 136
课题2 内墙（顶棚）裱糊饰面施工 ·· 139
课题3 裱糊饰面课程技能训练 ·· 150
思考题与习题 ·· 151

单元6 门窗玻璃裁装施工 ·· 152
课题1 玻璃的施工准备与裁划 ·· 152
课题2 门窗玻璃饰面安装 ·· 157
课题3 门窗玻璃裁装施工课程技能训练 ······································ 163
思考题与习题 ·· 164

单元7 涂裱饰面实训方案（实训操作4周） ·································· 165
课题1 涂料涂饰施工（实训操作1周） ······································ 165

课题 2 　 油漆涂饰施工（实训操作 1 周） ………………………………………… 166
课题 3 　 裱糊饰面施工（实训操作 1 周） ………………………………………… 166
课题 4 　 门窗玻璃裁装施工（实训操作 1 周） …………………………………… 166
参考文献 ……………………………………………………………………………… 167

单元 1 饰面涂裱概述

知 识 点：饰面涂裱工程的概述；饰面涂裱的基本知识。
教学目标：认知饰面涂裱工程的概述；认知饰面涂裱的基本知识。

课题 1 饰面涂裱工程的概述

1.1 饰面涂裱的工程应用与发展

饰面涂裱在建筑装饰装修工程施工中占有重要地位，它是依据建筑装饰装修设计的图纸，合理选用相应的涂料、面料以及配套辅料，运用手工或相应的机械设备，通过刷、滚、喷、磨、刮、嵌、裱等手段，将饰面材料覆盖到建筑物内外墙面、顶面、地面等部位上使其形成装饰层，起到美化居室、改善工作环境、保护建筑实体的作用，还可以起到防火、防水、防霉、吸声等特殊作用，全面细致地体现建筑设计意图。

随着国民经济的发展，市场管理逐步走向正规化，建筑饰面涂裱技术将更加专业化、职业化，施工手段也更加机械化，因此对建筑饰面涂裱人员的技术、技艺和文化水平的要求都将会逐步提高。

1.2 饰面涂裱的工作范围及技术标准

建筑施工分为土建施工、水电安装施工和建筑装饰装修施工等。建筑装饰装修施工分为地面工程、抹灰工程、门窗工程、吊顶工程、轻质隔墙工程、饰面板工程、幕墙工程、涂饰工程、裱糊及软包工程、细部工程等。建筑装饰装修施工工种很多，包括木工、抹灰工、油漆工等。因此，饰面涂裱工程属于建筑装饰装修的范围，并在整个装饰装修工程中占有重要地位。

有关建筑饰面涂裱的现行规范主要有国家行业标准《建筑涂饰工程施工及验收规程》（JGJ/T 29—2003）、《建筑装饰装修工程质量验收规范》（GB 50210—2001）、《住宅装饰装修工程施工规范》（GB 50327—2001）、《钢结构工程施工质量验收规范》（GB 50205—2001）和《民用建筑工程室内环境污染控制规范》（GB 50325—2001）等。

除了以上的有关施工规程和质量验收规范外，可能涉及的还有行业和地方标准和规范。

1.3 室内装饰的污染

1.3.1 室内空气污染

当今世界人类赖以生存的环境越来越多地受到人们的关注。随着人们环保意识的提高和对健康的重视，随着装饰装修市场的繁荣和快速发展，装饰装修材料与环境存在的矛盾日益显现，其污染问题亦引起社会的关注。装饰装修材料给室内带来的空气污染，已成为全社会关注的焦点。据国际有关组织调查统计：世界上30%的新建和重建建筑物中，都发现了有害于健康的室内空气。室内空气污染已经成为对公众健康危害最大的五种环境因素之一。国际上一些室内环境专家提醒人们，在经历了工业革命带来的"煤烟型污染"和"光化学烟雾型污染"后，我们已经进入以"室内空气污染"为标志的第三污染期。空气污染主要体现在三方面，即"化学性污染"、"生物性污染（即微生物、真菌的污染）"和"放射性污染"。在近期国家卫生、建设、环保等部门联合对室内装饰市场进行的一次调查中发现，存在有毒气体污染的室内装饰材料占68%，这些材料中挥发性有机化合物高达300多种，而在这些有机化合物中，使人体产生明显感觉的有害有机化合物，其中甲醛、苯、氨等最为突出。

室内空气质量直接影响人们的身体健康，是评价家居环境的重要因素。在发达国家，室内空气质量已经成为研究的热点，不少科研机构从事这方面的试验研究，并已提出建议性的测量方法、衡量指标。例如北欧地区提出室内空气中有害气体的最大含量不得超过 $0.15 mg/m^3$，总的挥发性有机物不得超过 $2 mg/m^3$。

(1) 室内空气污染的影响因素

影响室内空气污染的因素有很多，主要可以分为以下几类：室外环境的影响、建筑和装饰装修材料的影响、人的活动的影响和暖通空调系统的影响。

1) 室外环境

室外空气中存在着许多污染物，如二氧化硫、氮氧化物、臭氧、烟雾和硫化氢等。

如果生活用水受到污染，则其中携带的污染物（如细菌或化学物质等）就可以直接随着水雾进入室内，对室内空气环境造成污染。

建房所处地段如土壤或房基地中析出的氡气。

人们经常出入居室，很容易将室外的污染物随身带入室内，最常见的是将工作服带入家中，使工作场所的污染物人为地转移到家中。如铅、苯、石棉等都可以通过这个途径污染室内环境。

2) 建筑和装饰装修材料

建筑材料、装饰装修材料及家具中有花岗石板、混凝土砌块、黏土砖等含有的一定量放射性物质，密度板、细木工板、油漆、涂料、胶粘剂带来的甲醛、苯、二甲苯等，板式家具释放的甲醛，布艺沙发喷胶带来的苯等。

3) 人的活动

人体每时每刻都在进行新陈代谢，因此产生了大量的代谢废弃物，有400多种化学物质。

吸烟时燃烧放出的烟雾中有大量化学物质，如烟焦油和烟碱（尼古丁）。

居室内的燃料燃烧产物污染，主要来自固体燃料（如原煤、焦炭、煤球等），气体燃料（如天然气、煤气、液化气等）。

烹调油烟（指食用油加热后产生的油烟）。

4) 暖通空调系统

为了节能，提高了建筑物的密闭性，降低了室外新风标准；新风口的位置不佳或新风口太小；空调系统设置不当和气流组织不合理；空调的冷却水如果被污染，导致空气微生物污染；维护管理不好的通风空调系统会造成气流阻塞、灰尘沉积、细菌繁殖、气流紊乱。这些都会对室内空气造成更大的污染而影响室内空气的品质。

（2）室内污染物及其危害

现代建筑中到处都充满了污染。据研究表明，室内环境的污染程度甚至可以达到室外环境污染的 5~20 倍。到目前为止，一般人都认为汽车尾气是最严重的空气污染，但是如果考虑到人们在室内生活和工作的时间，则室内环境污染的严重性绝对不亚于汽车尾气的污染。

与一般的环境污染相比，室内环境污染具有其独特的性质。

影响范围大：室内环境污染不同于其他的工矿企业废气、废渣、废水排放等造成的环境污染，影响的人群数量非常大，几乎包括了整个现代社会中生活的人群。

接触时间长：人们在室内的时间接近了全天的 80%，人体长期暴露在室内环境的污染中，接触污染物的时间比较长。

污染物浓度低：室内环境污染物相对而言一般浓度都比较低，短时间内人体不会出现非常明显的反应，而且不易发现病源。

污染物种类多：室内污染物的种类可以说成千上万，到目前为止，已经发现的室内污染物就有 3000 多种。不同的污染物同时作用在人体上，可能会发生复杂的协同作用。

健康危害不清：到目前为止，虽然已经了解了一部分污染物对人体机体的部分危害，但室内环境中大部分低浓度的污染对人体可能造成的长期影响，以及它们的作用机理还不是非常清楚。

根据室内污染物的性质，室内污染物可以分为以下三类。

化学性污染物包括：

挥发性有机物：醛、苯类。室内已检测出的挥发性有机物已达数百种，而建材（包括涂料、填料）及日用化学品中的挥发性有机物也有几十种。

无机化合物：来源于燃烧及化学品、人为排放的 NH_3、CO、CO_2、O_3、NO_x 等。

物理性污染物包括：

放射性氡（Rn）及其子体：来源于地基、井水、石材、砖、混凝土、水泥等。

噪声与振动：来源于室内或室外。

电磁污染：来源于家用电器和照明设备。

生物性污染物包括：

虫螨、真菌类孢子花粉、宠物身上的细菌以及人体的代谢产物等。

以上室内空气污染物及其危害的程度与建造建筑物所用建筑材料和家居装饰装修时选用建筑装饰装修材料有密切关系。根据有关单位调查检测，主要有甲醛、苯系物、氨气、氡气及有机挥发物，这五大毒气体和有害物被称为室内空气五大隐形"杀手"。

1）甲醛

甲醛在常温下是一种无色、有着刺激性气味的气体，易溶于水，35%~40% 的水溶液通常称为"福尔马林"。经现代科学研究表明，是世界上公认的可致癌的有机物之一。当室内甲醛含量为 $0.1mg/m^3$ 时，人们就可以感到有异味和不适；当含量为 $0.5mg/m^3$ 时，就有刺激眼睛的感觉，引起流泪；$0.6mg/m^3$ 时，就会引起咽喉不适或者疼痛；浓度再高可引起恶心、呕吐、咳嗽、胸闷、气喘甚至肺气肿；当空气中的甲醛含量达到 $30mg/m^3$ 时，可导致当场死亡。长期接触低浓度的甲醛，虽然引起的症状强度较弱，但也会对人的健康有较严重的影响。根据流行病学家调查，长期接触高浓度甲醛的人，可引起鼻腔、口腔、咽喉部癌，消化系统癌，肺癌，皮肤癌和白血病。

室内空气中的甲醛主要从装饰装修时所用的各种人造板和饰面人造板（如胶合板、大芯板、刨花板、密度板等）、涂料、胶粘剂中挥发出来。实测数据说明，在正常条件下，甲醛的挥发速度很慢，人造板材在投入使用的10年之内，都会持续不停地向外散发甲醛。

2）苯系物

苯是一种无色透明，易燃，具有特殊芳香味的液体，被称为室内装饰装修中的"芳香杀手"。甲苯、二甲苯属于苯的同系物，都是煤焦油的分馏或石油的裂解产物。目前室内装饰中多用甲苯、二甲苯代替纯苯作各种胶、油漆、涂料（特别是假冒和低档的涂料）和防水材料的溶剂或稀释剂。大量实验表明，苯类物质对人体健康具有极大的危害性。因此，世界卫生组织已将其定为强烈致癌物质。由于室内环境中苯类物质的浓度低，因此其对人体的危害主要是慢性中毒。对人的皮肤、眼睛和上呼吸道有刺激作用。经常接触苯和苯类物质，皮肤可因脱脂而变得干燥、脱屑，有的甚至出现过敏性湿疹。长期吸入苯导致再生障碍性贫血，并出现神经衰弱样症状，表现为头昏、失眠、乏力、记忆力减退、思维及判断能力降低等症状，重者会出现昏迷以致呼吸循环系统衰竭而导致死亡。苯在室内空气中的含量超过了国家允许最高浓度的14.7倍会引起爆炸，遇热、明火易燃烧、爆炸。

3）挥发性有机化合物

可挥发性有机物（Volatile Organic Compounds），简称为VOCs。到目前为止，室内空气中检测出的VOCs已达到300多种，其中20多种为致癌物或致突变物。除了醛类、苯类物质（芳香烃）外，室内空气中的VOCs主要有酮类、酯类、胺类、烷类、烯类、卤代烃、硫代烃、不饱和烃类等。

室内空气中的VOCs主要来源于室内的家具和各种装饰装修材料：建筑材料（如人造板、泡沫隔热材料、塑料板材）；室内装饰装修材料（如壁纸、油漆、含水涂料、胶粘剂、其他装饰品）；纤维材料（如地毯、挂毯、化纤窗帘）；生活用品（如化妆品、洗涤剂、杀虫剂）；办公用品（复印机、打印机）；家用燃料和烟叶的不完全燃烧；人类的活动。它们在施工过程中大量挥发，在使用过程中缓慢地释放，使人体机体免疫功能失调，影响人的中枢神经系统功能，使人出现头晕、头痛、嗜睡、无力、胸闷等症状，有的还可能影响消化系统，使人出现食欲不振、恶心等，严重时甚至可损伤肝和造血系统，出现变态反应等。

4）氡

氡是一种惰性天然放射性气体，无色无味，它是放射性重元素铀、镭、钍等的衰变产物，主要来源于房屋的地基土壤、建筑材料中衰变而来的石块、花岗石、水泥和建筑陶瓷等，氡被国际癌症研究机构（IARC）认为有足够的证据将氡列入人类第一致癌物。

人体在呼吸时氡气及其子体会随着气流进入人的呼吸系统，一部分被人的呼吸道所阻留或留在口、鼻中，另一部分就留在了气管和支气管中。进入人体的氡不断衰变，在这一过程中氡和其子体会释放出大量的 α、β、γ 等射线，从而对人体的组织产生破坏，导致支气管癌等疾病。有些在人的肺部沉淀下来，这些射线就会不停的对肺细胞进行辐射，使肺细胞严重受损，从而引发患肺癌的可能性。

5）氨

是一种无色气体，有着强烈的刺激性恶臭味。主要来源于：施工中使用的混凝土添剂，如防冻剂、膨胀剂和早强剂；建筑装饰装修材料中的胶粘剂、涂料添加剂以及增白剂；人体代谢废弃物。

氨气对人及动物的上呼吸道及眼睛有着强烈的刺激和腐蚀作用，能减弱人体对疾病的抵抗力。人吸入氨气后，会出现流泪、咽痛、胸闷、咳嗽甚至声音嘶哑等症状，严重时还可引起心脏停搏和呼吸停止。在潮湿条件下，氨气对室内的家具、电器、衣物有腐蚀作用，对人的皮肤也有刺激和腐蚀作用。

1.3.2 我国制定的装饰装修材料环保规范

以前，由于我国对室内环境的认识不够，因此关于室内装饰装修材料的质量标准大都没有考虑其环保影响。在国家环境保护总局颁布的环境标志产品技术要求中，关于室内装饰装修材料的也仅仅只有水性涂料和人造木质板材两大类。

随着人们对室内空气污染的认识加深，政府对室内空气污染的问题也日益重视，因此，国家质量监督检验检疫总局于2001年12月颁布了包括人造板、涂料、壁纸等10项室内装饰装修材料的有害物质限量标准。这10项国家标准的提出为规范室内装饰装修材料市场提供了技术依据，因而对于促进产品质量不断提高，将室内污染物危害降到最低限度，保证人体健康和人身安全具有重大意义，同时对室内装饰装修材料有害物质监控和规范装饰装修市场正常秩序起到了重要的作用。

（1）室内装饰装修材料人造板及其制品中甲醛释放限量

本标准规定了室内装饰装修用人造板及其制品（包括地板、墙板等）中甲醛释放量的指标值、试验方法和检验规则。

本标准适用于释放甲醛的室内装饰装修用各类人造板及其制品。

常用人造板及其制品中甲醛释放量试验方法及限量值见表1-1所示。

人造板及其制品中甲醛释放量试验方法及限量值 表1-1

产 品 名 称	试 验 方 法	限 量 值	使 用 范 围	限量标志
中密度纤维板、高密度纤维板、刨花板、定向刨花板等	穿孔萃取法	≤9mg/100g	可直接用于室内	E1
		≤30mg/100g	必须饰面处理后可允许用于室内	E2
胶合板、装饰单板、贴面胶合板、细木工板等	干燥器法	≤1.5mg/L	可直接用于室内	E1
		≤5.0mg/L	必须饰面处理后可允许用于室内	E2
饰面人造板（包括浸渍纸层压木质地板、实木复合地板、竹地板、浸渍胶膜纸饰面人造板等）	气候箱法	≤0.12mg/m³	可直接用于室内	E1
	干燥器法	≤1.5mg/L		

注：1. 仲裁时采用气候箱法。
2. E1为可直接用于室内的人造板，E2为必须饰面处理后允许用于室内的人造板。

（2）室内装饰装修材料溶剂型木器涂料中有害物质限量值

本标准适用于释放甲醛的室内装饰装修用溶剂型木器涂料。其他树脂类型和其他用途的室内装饰装修用溶剂型涂料可参考使用。

本标准不适于水性木器涂料。

包装标志：

产品包装标志除应符合《涂料产品包装标志》（GB/T 9750—1998）的规定外，按本标准检验合格的产品可在包装标志上明示；

对于双组分或多组分配套组成的涂料，包装标志上应明确各组分配比。对于施工时需要稀释的涂料，包装标志上应明确稀释比例。

安全涂装及防护：

涂装时应保证室内通风良好，并远离火源；

涂装方式尽量采用刷涂；

涂装时施工人员应穿戴好必要的防护用品；

涂装完成后应继续保持室内空气流通；

涂装后的房间在使用前应空置一段时间。

室内溶剂型木器涂料中有害物质限量值见表1-2所示。

室内溶剂型木器涂料中有害物质限量值　　　　　表1-2

项目		限量值		
		硝基漆类	聚氨酯漆类	醇酸漆类
挥发性有机化合物(VOC)(g/L)		≤750	光泽(60°)≥80，≤600	≤0.5
			光泽(60°)<80，≤700	
苯			0.5%	
甲苯和二甲苯总和		≤45%	≤40%	≤10%
游离甲苯二异氰酸酯(TDI)		—	≤0.7%	—
重金属(限色漆)(mg/kg)	可溶性铅		90	
	可溶性镉		≤75	
	可溶性铬		≤60	
	可溶性汞		≤60	

注：1. 按产品规定的配比和比例稀释后测定。如稀释剂的使用量为某一范围时，应按照推荐的最大稀释量稀释后进行测定。
2. 如产品规定了稀释比例或产品由双组分或多组分组成时，应分别测定稀释剂和各组分中的含量，再按产品规定的配比计算混合后涂料中的总量。如稀释剂的使用量为某一范围时，应按照推荐的最大稀释量进行计算。
3. 如聚氨酯类规定了稀释比例或由双组分或多组分组成时，应先测定固化剂（含甲苯二异氰酸酯预聚物）中的含量，再按产品规定的配比计算混合后涂料中的含量。如稀释剂的使用量为某一范围时，应按照推荐的最小稀释量进行计算。

（3）室内装饰装修材料内墙涂料有害物质限量

本标准规定了室内装饰装修用墙面涂料中对人体有害物质允许限量的技术要求、试验方法、检验规则、包装标志、安全漆装及防护等内容。

本标准适用于室内装饰装修用水性墙面涂料。

本标准不适用于以有机物作为溶剂的内墙涂料。

包装标志：

产品包装标志除应符合《涂料产品包装标志》(GB/T 9750—1998)的规定外，按本标准检验合格的产品可在包装标志上明示。

安全涂装及防护：

涂装时应保证室内通风良好；

涂装方式尽量采用刷涂；

涂装时施工人员应穿戴好必要的防护用品；

涂装完成后应继续保持室内空气流通；

涂装后的房间在使用前应空置一段时间。

室内装饰装修材料内墙涂料有害物质限量值见表1-3所示。

室内装饰装修材料内墙涂料有害物质限量值　　　　　　　表1-3

项　　目		限　量　值
挥发性有机化合物（VOC）(g/L)		≤200
游离甲醛(g/kg)		≤0.1
重金属(mg/kg)	可溶性铅	≤90
	可溶性镉	≤75
	可溶性铬	≤60
	可溶性汞	≤60

（4）室内装饰装修材料胶粘剂中有害物质限量

本标准规定了室内建筑装饰装修用胶粘剂中有害物质限量及其试验方法。

本标准适用于室内建筑装饰装修用溶剂型胶粘剂，见表1-4所示。

本标准适用于室内建筑装饰装修用水基型胶粘剂，见表1-5所示。

溶剂型胶粘剂中有害物质限量值　　　　　　　表1-4

项　　目	指　　标		
	橡胶胶粘剂	聚氨酯类胶粘剂	其他胶粘剂
游离甲醛(g/kg)	≤0.5	—	—
苯[①](g/kg)	≤5		
甲苯＋二甲苯(g/kg)	≤200		
甲苯二异氰酸酯(g/kg)	—	≤10	—
总挥发性有机物(g/L)	≤750		

注：① 苯不能作为溶剂使用，作为杂质其最高含量不得大于表中的规定。

水基型胶粘剂中有害物质限量值　　　　　　　表1-5

项　　目	指　　标				
	缩甲醛类胶粘剂	聚乙酸乙烯酯胶粘剂	橡胶类胶粘剂	聚氨酯类胶粘剂	其他胶粘剂
游离甲醛(g/kg)	≤1	≤1	≤1	—	≤1
苯[①](g/kg)	≤0.2				
甲苯＋二甲苯(g/kg)	≤10				
总挥发性有机物(g/L)	≤50				

注：① 苯不能作为溶剂使用，作为杂质其最高含量不得大于表中的规定。

（5）室内装饰装修材料木家具中有害物质限量

本标准适用于室内使用的各类木制家具产品。

术语和定义：本标准采用下列术语和定义。

甲醛释放量：家具的人造板试件通过《人造板及饰面人造板理化性能试验方法》(GB/T 17657—1999) 中4.12规定的24h干燥器法试验测得的甲醛释放量。

可溶性重金属含量：家具表面色漆涂层中通过《室内装饰装修材料木家具中有害物质限量》(GB/T 9758—1988) 中规定的试验方法测得的可溶性铅、镉、铬、汞重金属的含量。

室内装饰装修材料木家具中有害物质限量值见表1-6所示。

木家具中有害物质限量值　　　　　　　　　　　　　　　　　表1-6

项　　　　目		限　量　值
甲醛释放量(mg/L)		≤1.5
重金属含量(限色漆)(mg/kg)	可溶性铅	≤90
	可溶性镉	≤75
	可溶性铬	≤60
	可溶性汞	≤60

(6) 室内装饰装修材料壁纸中有害物质限量

本标准规定了壁纸中的重金属（或其他）元素、氯乙烯单体及甲醛三种有害物质的限量、试验方法和检验规则。

本标准主要适用于以纸为基材的壁纸；主要以纸为基材，通过胶粘剂贴于墙面或顶棚上的装饰材料，不包括墙毡及其他类似的墙挂。

室内装饰装修材料壁纸中有害物质限量值见表1-7所示。

壁纸中有害物质限量值　　　　　　　　　　　　　　　　　表1-7

有害物质名称		限量值	有害物质名称		限量值
重金属(或其他)元素(mg/kg)	钡	≤1000	重金属(或其他)元素(mg/kg)	汞	≤20
	镉	≤25		硒	≤165
	铬	≤60		锑	≤20
	铅	≤90	氯乙烯单体(mg/kg)		≤1.0
	砷	≤8	甲醛(mg/kg)		≤120

(7) 室内装饰装修材料聚氯乙烯卷材地板中有害物质限量

本标准适用于以聚氯乙烯树脂为主要原料并加入适当助剂，用涂敷、压延、复合工艺生产的发泡或不发泡的、有基材或无基材的聚氯乙烯卷材地板（以下简称为卷材地板），也适用于聚氯乙烯复合铺炕革、聚氯乙烯车用地板。

要求：

氯乙烯单体限量：卷材地板聚氯乙烯层中氯乙烯单体含量应不大于5mg/kg。

可溶性重金属限量：卷材地板中不得使用铅盐助剂，作为杂质，卷材地板中可溶性铅含量应不大于20mg/m²。卷材地板中可溶性镉含量应不大于20mg/m²。

室内装饰装修材料聚氯乙烯卷材地板中有害物质限量值见表1-8所示。

聚氯乙烯卷材地板中有害物质限量值　　　　　　　　　　　表1-8

项　　　　目			限　量　值
氯乙烯单体(mg/kg)			≤5
可溶性重金属(mg/m²)	可溶性铅		≤20
	可溶性镉		≤20
有机挥发物(g/m²)	发类卷材地板	玻璃纤维基材	≤75
		其他基材	≤35
	非发类卷材地板	玻璃纤维基材	≤40
		其他基材	≤10

(8) 室内装饰装修材料地毯中有害物质释放限量

室内装饰装修材料地毯中有害物质释放限量值见表1-9所示。

地毯、地毯衬垫及地毯胶粘剂中有害物质释放限量值　　　表1-9

有害物质测试项目		限　量　值	
		A级	B级
地毯(单位 mg/m² · h)	总挥发性有机化合物	≤0.500	≤0.600
	甲醛	≤0.050	≤0.050
	苯乙烯	≤0.400	≤0.500
	4-苯基环己烯	≤0.050	≤0.050
地毯衬垫(单位 mg/m² · h)	总挥发性有机化合物	≤1.000	≤1.200
	甲醛	≤0.050	≤0.050
	丁基羟基甲苯	≤0.030	≤0.030
	4-苯基环己烯	≤0.050	≤0.050
地毯胶粘剂(单位 mg/m² · h)	总挥发性有机化合物	≤10.000	≤12.000
	甲醛	≤0.050	≤0.050
	2-乙基己醇	≤3.000	≤3.500

注：1. A级为环保型产品，B级为有害物质释放限量合格产品。
　　2. 在产品标签上，应标识产品有害物质释放量的级别。

(9) 混凝土外加剂

混凝土外加剂的有害物质主要是氨。根据国家标准《室内装饰装修材料——混凝土外加剂释放氨的限量》(GB 1858—2001)的规定，其释放氨的含量不大于0.01%（质量分数）。

(10) 建筑材料放射性核素限量《室内装饰装修材料——混凝土外加剂释放氨的限量》(GB 6566—2001)

本标准规定了建筑材料中天然放射性核素镭-226、钍-232、钾-40放射性比活度的限量核试验方法。

本标准适用于建造各类建筑物所使用的无机非金属类建筑材料，包括掺工业废渣的建筑材料。

本标准中建筑材料是指用于建造各类建筑物所使用的无机非金属类建筑材料。

本标准将建筑材料分为建筑主体材料和装修材料。

建筑主体材料：用于建造建筑物主体工程所使用的建筑材料。包括水泥与水泥制品、砖、瓦、混凝土、混凝土预制构件、砌块、墙体保温材料、工业废渣、掺工业废渣的建筑材料及各种新型墙体材料等。

装修材料：用于建筑物室内、外饰面用的建筑材料，包括花岗石、建筑陶瓷、石膏制品、吊顶材料、粉刷材料及其他新型饰面材料等。

1) 建筑主体材料放射性核素限量

当建筑主体材料中天然放射性核素镭-226、钍-232、钾-40放射性比活度同时满足I_{Ra}≤1.0和I_r≤1.0时，其产销与使用范围不受限制。

对于空心率大于25%的建筑主体材料，其天然放射性核素镭-226、钍-232、钾-40放射性比活度同时满足I_{Ra}≤1.0和I_r≤1.3时，其产销与使用范围不受限制。

2）装修材料放射性核素限量

本标准根据装修材料放射性水平大小划分为以下三类。

A 类装修材料：装修材料中天然放射性核素镭-226、钍-232、钾-40 放射性比活度同时满足 IRa≤1.0 和 Ir≤1.3 要求的为 A 类装修材料。A 类装修材料产销与使用范围不受限制。

B 类装修材料：不满足 A 类装修材料要求但同时满足 IRa≤1.3 和 Ir≤1.9 要求的为 B 类装修材料。B 类装修材料不可用于Ⅰ类民用建筑的内饰面，但可用于Ⅰ类民用建筑的外饰面及其他一切建筑的内、外饰面。

C 类装修材料：不满足 A、B 类装修材料要求但满足 Ir≤2.8 要求的为 C 类装修材料。C 类装修材料只可用于建筑物的外饰面及室外其他用途。

Ir 大于 2.8 的花岗石只可用于碑石、海堤、桥墩等人类很少涉及到的地方。

其他要求：

使用废渣生产建筑材料产品时，其产品放射性水平应满足本标准要求。

当企业生产更换原料或配比时，必须预先进行放射性核素比活度检验，以保证产品满足本标准要求。

花岗石矿床勘查时，必须用本标准中规定的装修材料分类控制值对花岗石矿床进行放射性水平的预评价。

装修材料生产企业按照本标准要求，在其产品包装或说明书中注明其放射性水平类别。

各企业进行产品销售时，应持有资质的检测机构出具的，符合本标准规定的天然放射性核素检验报告。

在天然放射性较高地区，单纯利用当地原材料生产的建筑材料产品，只要其放射性比活度不大于当地地表土体中相应天然放射性核素平均水平的，可限在本地区使用。

以上标准由中华人民共和国国家质量监督检验检疫总局发布。

自 2002 年 1 月 1 日起，生产企业生产的产品应执行该国家标准，过渡期 6 个月。自 2002 年 7 月 1 日起，市场上停止销售不符合该国家标准的产品。

《民用建筑工程室内环境污染控制规范》（GB 50325—2001）规范规定："施工单位应按设计要求及本规范的有关规定，对所有建筑材料和装饰装修材料进行现场检验"，"当建筑材料和装饰装修材料现场检验，发现不符合设计要求及本规范的有关规定时，严禁使用"（强制性条文）。

采购时应向生产厂家或经销商索取检测报告，并注意检测单位的资质、检测产品名称、型号、检测日期。最好购买有国家标志的产品。具体徽标见图 1-1 所示。

1.4　新型建筑装饰装修材料的发展和应用

1.4.1　新型涂料发展方向

新型建筑装饰装修材料（包括装饰涂料）产业是国家发展新型建筑材料"十五"规划中四大新兴产业之一。生产和使用新材料有利于减少资源消耗，保护生态环境，并且还可以刺激消费，促进建筑业和住宅产业的现代化。

（1）新材料的发展方向

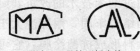

图 1-1 有国家标志的产品的徽标

新型建筑装饰装修材料应向多功能、系列化、配套化、多样化、优质化、高档化、高附加值、无污染的健康型材料方向发展，向耐久性、抗沾污性、防火性、阻燃性材料方向发展，向节能、节水、代木、代钢型材料发展。

建筑涂料的发展重点是质感丰富、保色性好、耐候、耐污染的中高档外墙涂料，环保型的内墙乳胶漆，粉末涂料及辐射固化涂料，逐步形成专业化、规模化生产。

趋势是重视基础材料和配方的研究，向无公害、功能型方向发展。水乳性涂料仍将是建筑涂料的主流，无机高分子涂料将得到大发展，弹性涂料受到欢迎，具有防火（报警）、杀虫、防潮、防霉、防污、防震、防结露、吸收射线、高光亮度、取暖、防止混凝土渗水、防海水侵蚀等功能型涂料将广泛地生产使用。粉末涂料随着喷涂技术的发展迅速发展。纳米材料等高技术也将广泛应用于涂料工业。

随着装饰装修水平的日益提高，人们环保意识的不断增强和国家环保政策的影响，低档、有毒的聚乙烯醇类涂料将被淘汰，对无毒、装饰性好的中高档内墙涂料的需求会进一步增长，乳胶漆所占的比例将迅速提高，逐渐成为内外墙涂料的主导产品。随着市场对高性能外墙涂料需求的日益增长，溶剂型外墙涂料需求也将有所增加。

（2）提高质量意识，建立健全质量保证体系

注重产品质量，发展优质产品，依靠质量创名牌、创信誉、创效益、求发展，不能用短期行为或不正当行为，靠假冒伪劣产品谋取经济利益。为杜绝假冒伪劣产品扰乱市场，国家有关部门要建立有效的质量监督机制，建立健全产品质量保证体系，实施工程质量保证期制度，认真贯彻产品质量法和反不正当竞争法，对产品从生产到流通乃至施工应用等各个环节层层把好质量关，将产品质量和施工质量提高到一个新的水平。

1.4.2 纳米技术在涂料工业生产中的应用

纳米是长度单位，单位符号 nm，是 1m 的 $1/10^9$。科学研究发现，当物质的结构单元小到纳米等级时，物质的性质可以产生重大改变，甚至会产生新的性能和效应。纳米技术是当今科技研究的热点，科研人员已利用纳米高科技手段改进现有建筑材料。所谓纳米材料，是指颗粒在 1～100nm 之间，并具有特殊的物理化学性能的材料。纳米材料具有很多神奇的性能，如界面效应、小尺寸效应、宏观量子效应、光催化效应等。

我国已经开发出国内先进的纳米改性抗菌漆、纳米改性耐候漆、纳米改性多功能漆。

（1）净化空气、抑菌杀菌的抗菌漆

纳米改性抗菌漆通过纳米技术的改进，赋予传统乳胶漆新功能。一是耐擦洗，手感细腻，色彩柔和，与墙面结合牢固，耐擦洗大于10000次；二是抑菌杀菌，利用纳米材料中新型稀土激活技术使涂料形成抗菌涂膜，它可对大肠杆菌，金黄色葡萄球菌的细胞膜进行破坏，能杀灭细菌并抑制细菌繁殖，杀菌率达99%；三是净化空气，该涂料利用纳米技术独特的光催化技术，对空气中有毒气体进行分解、消除，对甲醛、氨气、氮化物等有害气体有吸收作用；四是绿色环保，该涂料无味无毒、不含铅、不含汞，是真正的水性涂料，执行国家标准；五是耐污自洁，具有很好的抗粉尘能力，易清洗。

（2）防霉、防潮、耐冲刷的耐候漆

纳米改性耐候漆是利用纳米技术改性的外墙涂料，是绿色环保涂料。它的主要功能，一是具有较低的表面张力、优异的疏水性能和耐雨水冲刷性；二是附着力强，颗粒细小，能深入墙体，使涂料与墙面"交叉式"结合，不起皮、不剥落、不粉化；三是防霉、防潮、耐碱及高遮盖率；四是具有优异的防紫外线辐射性能，从而色泽艳丽稳定；五是具有较好的耐污性能。由于纳米材料的加入，使漆膜硬度提高，从而具有抗脏物粘附能力，且易被冲刷掉。

（3）疏水性、耐水性强的多功能漆

纳米改性多功能漆利用纳米技术使其具有优异的疏水性能和耐水性能。建筑物墙体内的水蒸气可顺畅地向外蒸发，同时又能阻止雨水向墙体渗透，从而使墙体保持干燥状态。该产品施工不受气候影响，既可在气候干燥、风沙大的地区施工，也能在寒冷地区施工；由于能涂刷后20min内形成漆膜，因此也能在多雨及潮湿环境下施工。

纳米改性涂料凭借着高科技含量、绿色环保等卓越的品质及合理的价格应用于建筑物的改造等多项重点工程，通过对这些工程的监测后发现，其效果远远好于传统材料。

课题2　饰面涂裱的基本知识

2.1　涂料的基本知识

2.1.1　涂料的组成

按涂料各组成起的作用，可分为主要成膜物质、次要成膜物质和辅助成膜物质。各组分具有不同的功能，互相组合在一起，使组成的涂料具有最佳的功能。

（1）主要成膜物质

主要成膜物质是涂料的基础物质，它具有独立成膜的能力，并可粘结次要成膜物质共同成膜。因此主要成膜物质也称为基料或胶粘剂，它决定着涂料使用和涂膜的主要性能。

涂料的主要成膜物质多属于高分子化合物或成膜时能形成高分子化合物的物质。前者如天然树脂（虫胶、大漆）、人造树脂（松香甘油酯、硝化纤维）和合成树脂（醇酸树脂、环氧树脂、聚乙烯、聚丙烯、聚氨酯等）；后者如某些植物油料（桐油、梓油、亚麻仁油等）及硅溶胶，又称油料。

为满足涂料的多种性能要求，可以在一种涂料中采用多种树脂配合，或与油料配合，共同作为主要成膜物质。

（2）次要成膜物质

次要成膜物质是指涂料中的颜料和填料，它们也是构成涂膜的组成部分，并以微细粉状均匀地分散于涂料介质中，使涂膜具有色彩、质感和较好的遮盖力，减少收缩，还能增加涂膜的机械强度，防止紫外线的穿透作用，使涂膜的耐候性和抗老化的性能提高。次要成膜物质本身不具备成膜能力，它依靠主要成膜物质的粘结而成为涂膜的组成部分。

1) 颜料

颜料是不溶于水、溶剂或涂料基料的，但它能扩散于介质中形成均匀的悬浮体。建筑涂料中使用的颜料应具有以下特点。

耐碱性：涂料中的颜料应具有良好的耐碱性，因为涂料装饰的底材多为水泥混凝土、水泥砂浆，它们都是呈碱性的，故要求颜料耐碱性要好。

耐候性：室外装饰所有的涂料均处于大气环境中，要直接受风吹、雨淋、日晒和有害气体的作用，故要求颜料应具有较好的抗老化性。

建筑涂料中常用的颜料有无机类和有机类两类：

无机类着色颜料：着色颜料主要作用是着色和遮盖，是颜料中品种最多的一种，其色彩有红、黄、蓝、白、黑色等。这种颜料的耐候性、耐磨性都较好，且资源丰富、价格便宜。

有机类颜料：有机类颜料由于其耐老化性能差，在建筑涂料中应用较少。

金属颜料：金属颜料的主要作用是防止金属锈蚀，主要品种有红丹（Pb_3O_4）、锌铬黄（$ZnCrO_4$）、氧化铁红（Fe_2O_3）和铝粉（Al_2O_3）等。

2) 填料

填料又称体质颜料。填料不起着色和遮盖的作用，产品主要是一些天然材料和工业副产品，故价格便宜。生产建筑涂料应用的填料主要有以下两大类。

粉料类：粉料类是将天然石材经机械加工或人工磨细而成。常用的品种有重晶石粉（$BaSO_4$）、重碳酸钙（滑石粉 $3MgO·4SiO_2·H_2O$）、轻质碳酸钙（$CaCO_3$）、膨润土（云母粉 $K_2O·Al_2O_3·6SiO·2H_2O$）、瓷土（$Al_2O_3·2SiO·2H_2O$）、石英石粉和砂等。这类填料在建筑涂料中不能阻止光线透过涂膜，也不能给以美丽的色彩，但它们能增加漆膜的厚度和体质，使涂膜的耐久性得到提高。

粒料类：粒料类的粒径在 2mm 以下。粒料带有不同的颜色，故又称彩砂，在建筑涂料中作骨料。由于粒料都具有不同的色彩，所以在涂料中能起到颜料的作用。彩砂是由天然彩色石材经人工焙烧和破碎而成，是近代发展起来的砂壁状建筑涂料的主要原材料之一。

(3) 辅助成膜物质

辅助成膜物质不能构成涂膜或不是构成涂膜的主体，但对涂料的成膜过程（施工过程）有很大的影响，也对涂膜的性能起一些辅助作用。主要包括溶剂和辅助材料两大类。

1) 溶剂（稀料）

溶剂是能挥发的液体，具有溶解成膜物质的能力，可降低涂料的黏度达到施工的要求。在涂料组成中溶剂常占有很大比重。溶剂在涂膜形成过程中，逐渐挥发，并不存在于涂膜中，但它能影响涂膜的形成质量和涂料的成本。

溶剂的种类主要有石油溶剂、煤焦油溶剂、萜烃溶剂。目前建筑涂料中常用的是二甲苯、醋酸丁酯等。

用有机溶剂作分散介质的涂料称为溶剂型涂料。此外，水可以作为多种涂料的分散介质，这种涂料称为水性涂料。稀释水性涂料时可以采用矿物杂质含量较少的饮用自来水。

2) 辅助材料（助剂）

为改善涂料性能，提高涂膜的质量而加入的材料称为辅助材料。它们的加入量很少，但种类很多，对改善涂料性能的作用显著。涂料中常用的辅助材料主要有以下几种：催干剂、增塑剂、分散剂、增稠剂、消泡剂、防冻剂、紫外线吸收剂、抗氧化剂、防老化剂、固化剂。

2.1.2 涂料的分类和命名

(1) 涂料的分类

涂料的种类很多，分类方法也多种多样，按国家标准《涂料产品分类、命名和型号》(GB 2705—1992) 规定，涂料是以其主要成膜物质为基础进行分类。若一种涂料中主要成膜物质有多种，则按在涂料中起主要作用的一种主要成膜物质为基础进行分类。其具体分类见表 1-10 所示。

涂料的分类 表 1-10

序号	类别	代号	序号	类别	代号
1	油脂	Y	10	烯烃类树脂	X
2	天然树脂	T	11	丙烯酸树脂	B
3	酚醛树脂	F	12	聚酯树脂	Z
4	沥青树脂	L	13	环氧树脂	H
5	醇酸树脂	C	14	聚氨酯树脂	S
6	氨基树脂	A	15	元素有机聚合物	W
7	硝基	Q	16	橡胶	J
8	纤维素	M	17	其他	E
9	过氯乙烯树脂	G			

虽然涂料已制定了统一的分类方法标准，但由于建筑涂料的种类繁多，近年来的发展异常迅速，现标准很难将其准确全面地涵盖，因此人们通常更习惯按其他方法对建筑涂料进行分类，常用的分类方法有：

1) 按使用的部位分类

可分为内墙涂料、外墙涂料、地面涂料、顶棚涂料和屋面涂料。

2) 按涂层结构分类

可分为薄质涂料、厚质涂料和复层涂料。薄质涂料的涂层厚度一般小于 1mm，复层涂料则常由封底层、主涂层和罩面层组成，厚度为 2～5mm。

3) 按主要成膜物质的性质分类

可分为有机涂料，如丙烯酸酯外墙涂料；无机高分子涂料，如硅溶胶外墙涂料；有机无机复合涂料，如硅溶胶-苯丙外墙涂料。

4) 按涂料所用的稀释剂分类

溶剂型涂料：溶剂型涂料必须以各种有机溶剂作为稀释剂（如氯化橡胶外墙涂料）。

无溶剂型涂料：它一般以热固性树脂作为成膜物质，通过固化剂使树脂发生交联固化。最典型的是环氧树脂和不饱和聚酯树脂涂布地板。

水性涂料：以水作为分散介质，是水溶液型涂料，它以水溶性高聚物作为成膜物质（如聚乙烯醇缩甲醛内墙涂料即 803 涂料）。

乳液型：它以各种不饱和单体经乳液聚合得到的分散体系（称为乳液）为基础，配合各种颜料填料和助剂后就成为乳液涂料。如丙烯酸脂乳胶漆和聚醋酸乙烯乳胶漆等。它是建筑涂料发展的方向。

5）按涂料使用功能分类

可分为防火涂料、防霉涂料、防水涂料等。

实际上，上述分类方法只是从某一角度出发来讨论的，而实际应用则往往是多因素的，所以各种分类方法常交织在一块，如薄质涂料包括合成树脂乳液涂料、水溶性薄质涂料、溶剂型薄质涂料、无机薄质涂料等；复层涂料包括水泥系复层涂料、合成树脂乳液系复层涂料、硅溶胶系复层涂料和反应固化型合成树脂乳液系复层涂料。

(2) 涂料的命名

根据国家标准《建筑涂料》GB 2705 对涂料命名方法的规定：

1）命名原则

涂料全名＝颜料或颜料名称＋主要成膜物质＋基本名称。

涂料颜色应位于涂料名称最前面。如果颜料对漆膜性能起显著作用，则可用颜料的名称代替颜色的名称，置于涂料名称的最前面。

2）命名中对涂料名称中成膜物质名称应作适当简化。例如聚氨基甲酸酯简化为聚氨酯。如果漆基中含有多种成膜物质时，可选择其主要作用的一种成膜物质命名。

3）基本名称仍采用我国已经广泛使用的名称，例如清漆、磁漆等。

4）在成膜物质和基本名称之间，必要时可标明专业用途、特性等。部分涂料的基本名称见表 1-11 所示。

部分涂料的基本名称　　　表 1-11

代号	基本名称	代号	基本名称	代号	基本名称
00	清油	14	透明漆	61	耐热漆
01	清漆	15	斑纹漆、裂纹漆、桔纹漆	62	示温漆
02	厚漆	19	闪光漆	66	光固化漆
03	调合漆	24	家电用漆	77	内墙涂料
04	磁漆	26	自行车漆	78	外墙涂料
05	烘漆	33	罐头漆	79	屋面防水涂料
06	底漆	50	耐酸漆	80	地板漆、地坪漆
07	腻子	51	耐碱漆	84	黑板漆
08	水溶漆、乳胶漆	52	防腐漆	86	标志漆、路标漆、马路画线漆
09	大漆	53	防锈漆	98	胶液
11	电泳漆	54	耐油漆	99	其他
12	乳胶漆	55	耐水漆		
13	水溶性漆	60	防火漆		

上述编号的基本原则是：用00～99二位数表示，00～99代表基本名称；10～19代表美术漆；20～29代表轻工漆；30～39代表绝缘漆；40～49代表船舶漆；50～59代表腐蚀漆。

（3）涂料的型号表示方法

根据国家标准《建筑涂料》（GB 2705—92）对涂料型号的命名方法的规定：

1）涂料的型号

涂料型号由三部分组成：第一部分是涂料的类别，用汉语拼音字母表示；第二部分是基本名称，用两位数字表示；第三部分是序号。

例：C01—7

C——成膜物质（醇酸树脂）

01——基本名称（清漆）

7——序号

2）辅助材料型号

辅助材料型号分两部分：第一部分是辅助材料种类；第二部分是序号。辅助材料种类按用途划分为：X——稀释剂、F——防潮剂、G——催干剂、T——脱漆剂、H——固化剂。

例：H—2

H——辅助材料（固化剂）

2——序号

2.1.3　建筑涂料的功能和性能

（1）建筑涂料的功能

1）装饰功能

建筑涂料不仅花色、品种繁多，而且可以采用喷涂、刷涂、滚涂、弹涂、抹涂、拉毛等不同方法，形成不同质感，以满足各种类型建筑物的不同装饰艺术要求，使建筑饰面与建筑形体、建筑环境协调一致，映衬生辉。

2）保护功能

因建筑物暴露在自然界，屋顶和外墙在阳光、大气、酸雨、温差、冻融的作用下会产生风化等破坏现象，内墙和地面在水汽、阳光、磨损等作用下也会损坏，金属材料会锈蚀，木材会腐朽。在这些材料上刷涂品种适宜的涂料，能明显减缓上述的破坏作用，延长建筑物的使用年限。

3）其他功能

对于防火、防水、防霉、防静电等特殊要求的部位，涂刷防火、防霉等涂料，均可收到显著的效果。

在工业建筑、道路设施及构筑物上，涂料还可以起到标志和调色作用，在美化环境的同时可提高人们的安全意识，改善心理状况，减少不必要的损失。

（2）建筑涂料的性能

1）建筑涂料一般性能

遮盖力：涂料的遮盖力一般用能使规定的黑白格遮盖所需涂料的质量表示。质量需用越多，说明涂料的遮盖力越差。遮盖力的大小与涂料中的颜料的着色力及其含量有关。建筑涂料遮盖力的范围为 100~300g。

涂膜附着力：附着力表示涂料与基层的粘结力，通常用划格法测定，即在涂料表面用专用的划刀划出 100 个方格，各切口要穿透整个涂膜，然后用毛刷沿格子对角线方向前后各刷 5 次，检查剥落下来的小方格数目。附着力的大小与涂料中成膜物质的性质及基层性质和基层处理方法有关。

黏度：涂料黏度的大小直接影响着施工的质量。不同的施工方法要求涂料有不同的黏度。如有的要求涂料应具有触变性，即上墙后不流淌，抹压时又很容易。黏度的大小决定于涂料内的固体成分，即成膜物质和填料的性质及其含量。

薄质涂料的黏度通常用杯法测定，即让一定量的涂料流过试验杯下面的小孔所需要的时间，时间越长，说明涂料的黏度越高；厚质涂料的黏度用旋转黏度计测定，用 Pa·s 数表示。

细度：涂料的细度用刮板细度计测定，用 μm 数表示。涂料细度的大小影响涂膜表面的平整度、光泽度。

2）建筑涂料的特殊性能

由于建筑涂料主要用于墙面和地面装饰，有它特殊的使用条件，故要求建筑涂料除应具有一般性能外，还应具备一些特殊性能。

最低成膜温度：最低成膜温度是乳液型涂料的一项重要性能。乳液型涂料是通过涂料中的微小颗粒凝结而成膜的，而成膜又只能在某一最低温度以上才能实现，所以，选用了乳液型涂料就只能在高于这一温度的条件下才能施工。工程实践表明一般乳液型涂料的最低成膜温度都在 10℃ 以上。

耐污染性：耐污染性对墙面涂料装饰十分重要。建筑涂料的耐污染性用白度受污损失的百分比表示，即用污染物为 1:1 的粉煤灰水反复污染涂层一定的次数，测定其白度损失率。涂膜白度损失率越小，说明涂料耐污染的性能越好。

耐久性：涂层的耐久性要看其耐洗刷性能、耐冻融作用、耐老化性能和耐碱性能的好坏。

2.1.4 建筑涂料的选用原则

建筑装饰装修中涂料的选用原则是优良的耐久性、合理的经济性和理想的装饰效果。建筑物理想的装饰效果主要由线型、质感和色彩等三个方面构成，其中线型主要由建筑主体结构及饰面所决定，而质感和色彩则是体现涂料装饰效果的基本因素。耐久性应包括对建筑物的保护效果和装饰效果两方面。涂膜的龟裂、粉化和剥落将影响其保护效果，涂膜的变色、沾污、开裂和剥落则要影响到装饰效果。涂料装饰诚然比较经济，但要与建筑整体造价发生矛盾时，还要综合平衡考虑费用问题。

上述仅为选用涂料的原则，具体到某一个建筑装饰时可以考虑以下几点。

（1）按建筑物不同的装饰部位选用具有不同功能的材料

室外装饰主要有外墙面、屋檐和窗套等部位，由于这些部位要长期受风吹、雨淋和日晒，所以选用的涂料必须有较好的耐水性、耐污染性和耐久性，才能保证取得理想的装饰效果和耐久性。室内装饰主要有内墙面、顶棚和地面等部位。内墙涂料除对颜色、平整度等有一定要求外，还要求涂料具有一定的机械稳定性，即涂膜应有一定的硬度、耐干擦和湿擦性。一般内墙体涂料都可用来作顶棚涂料装饰，但在大型公共建筑中，在涂料中添加一些粗骨料，形成毛面顶棚涂料，则更显出好的装饰效果。地面涂料的选用，除应改变一般水泥砂浆地面的冷、硬、脚感不好和易起砂等弊病外，还要考虑到涂料应具有较好的耐磨性和隔声性能。

(2) 按不同的建筑结构材料来选定涂料及确定涂料的体系

建筑结构材料有多种，如砖、石材料、混凝土材料、钢材、木材及塑料等。若用涂料装饰，需选用与被涂底材特性相适应的材料。钢铁等金属结构，涂饰时必须考虑到防止生锈，故在选用涂装体系时得先涂防锈底漆，然后再涂敷配套的面层涂料；对水泥混凝土、水泥砂浆等无机硅酸盐底材用的涂料，则要求有较好的耐碱性，并能有效地防止底材地碱析出到涂层表面，造成"析碱"现象，而影响装饰效果。

(3) 按建筑物所处的地理位置和施工的季节选择涂料

建筑物所处的地理位置不同，施工季节不同，其饰面层经受的气候条件也不一样。严寒的北方对涂料的耐冻融性能要求比较高；炎热多雨的南方所用涂料，不仅要求有较好的耐水性能，而且还应有较高的防霉性，否则，一旦霉菌繁殖就会使涂层失去装饰效果；又如冬期施工应特别注意到涂料的最低成膜温度等。

(4) 按照建筑标准和造价选择涂料和确定施工工艺

对于高级建筑可以选用高档涂料，并采用三遍成活的施工工艺，即底层为封闭层，中间层形成具有较好的质感、花纹和凹凸层，面层则使涂膜有较好的耐水性和耐污染性等性能，以保证涂层有较高的耐久性及装饰效果。

涂料的选择对装饰装修工程来讲属于原材料的选择，必须以谋求好的装饰效果、优良的耐久性为选择涂料的前提。要充分发挥涂料的保护作用和装饰效果，还应在底材表面创造涂层附着的条件和采用合理的施工工艺，因此，当涂料选定之后，要对该种涂料的施工要求和应注意的事项作全面的了解，否则就难达到预期的装饰效果。

2.1.5 涂料的色彩

油漆和涂料的调制，首先涉及到颜色，即使是用清漆作透明涂饰，也要先将被涂物面着色。配色是否准确，用色是否恰当，直接影响涂饰效果。

(1) 色彩的属性

自然界的色彩千变万化，怎么认识和掌握色彩的特性呢？首先要认识其基本属性，就是色相、明度、纯度。三者在任何一个物体的颜色上都同时显现出来，不可分离，也称色彩三要素，并把它作为区分比较各种色彩的标准。

1) 色相

就是色彩的相貌，即通常说的各种色彩的名称。日光光谱包含的标准色虽然只有红、橙、黄、绿、青、蓝、紫，但同一色彩的色相，也很丰富，如红系颜料就有粉红、浅红、大红、紫红等。从理论上说，色相的数目是无穷的。

2) 明度

就是色彩的明暗程度或浓淡差别，如淡红、中红、深红。黑色明度最小，白色明度最大。各种色彩的明度是不相同的，浅色明度强，深色明度弱。根据反射表面的反射程度，白色为明度最强，依次是淡灰、浅灰、中灰、深灰、黑。

3) 纯度（艳度）

就是色彩的鲜艳程度，又称彩度、饱和度。色相环上的标准色彩纯度最高，含标准色成分越多,色彩就越鲜艳,纯度就越高。反之,含标准色成分越少,纯度就越低。在标准色中加白,纯度降低而明度提高;在标准色中加黑,纯度降低,明度也降低。通常说某物体色彩鲜艳,就是指其纯度高。

4) 原色、间色、复色、补色

原色:色彩中大多数颜色可由红、黄、蓝三种颜色调配出来。而这三种颜色却无法由其他颜色调配而得,我们就把红、黄、蓝三色称为原色或一次色。

间色:由两种原色调配成的颜色称为间色或两次色。即红+黄=橙;黄+蓝=绿;蓝+红=紫;橙、绿、紫三种颜色,即为间色。

三原色和三间色,即红、黄、橙、蓝、紫、绿为标准色。

复色:复色也称三次色、再间色。是由三种原色按不同比例调配而成,或由间色加间色而成。因为含有三原色,所以含有灰色成分,纯度较低。复色的种类名目繁多,千变万化,调配时只有大体的分量。见图 1-2 所示为三原色、间色、复色的相互关系图。

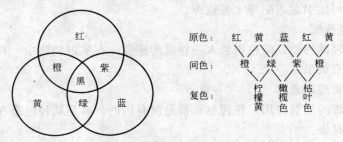

图 1-2 颜色调配示意图

补色:一种原色和另两种原色调配的间色互称补色或对比色。如红与绿,绿是由黄、蓝两种原色调配的间色;蓝与橙,橙是由红、黄两种原色调配的间色;黄与紫,紫是由蓝、红两种原色调配的间色。这几对颜色,双方都不含对方的色素,互称补色或对比色。补色的特点是,把它们放在一起能以最大的程度突出对方的鲜艳,但如果将它们相互混合时,就出现了灰黑色。这是因为每一对补色的调和,都是红、黄、蓝三原色的混合,三原色的等量混合就是黑色。这种补色的性质,运用得当,可避免调色的失败。

(2) 色彩的个性

色彩的个性,是指色彩给予人的心理作用。下面介绍色彩中的主要色彩个性。

红色:是一种激奋的色彩,能造成一种刺激感觉的效果,兴奋、热烈。它可以用于某些娱乐场所,或者在室内装饰中局部点缀。

橙色:也属于激奋的色彩之一,但是与红色相比较,它具有轻松、欢欣的效果,有一种很强的温暖感觉。在建筑装饰中橙色是一个较好的色彩,给人一种活泼、热闹、温馨的感觉。

黄色:具有舒适和愉悦的快乐色彩,有阳光明朗的效果。在色彩上,它的明度最高,能够充分反映光线。

绿色:是背景色,是介于冷、暖两种色彩中间的色彩,绿色对人不起刺激作用,显得和睦与宁静。

蓝色:是属于凉快的色彩。它与白色混调,较适合于光线充足的房间配色,显得柔顺、淡雅、清爽。

紫色：具有神秘感觉的色彩，是建筑装饰中最难使用的色彩，它是半冷半暖的色彩。

（3）色彩对人的生理影响

色彩是人的视觉所感觉到的，那么，不同个性的色彩对人的生理就会产生一些影响。这些影响概括起来，主要有以下几方面。

1）冷暖感

色彩的冷与暖把色彩分为两种类型，一种是暖色调子，另一种是冷色调子。暖色一般指橙、黄、红之类；冷色为绿、蓝、紫之类。从人的生理以及心理感觉，暖色使人产生激励、奋发、温馨的感觉；冷色则使人产生幽柔、冷静的感觉；因此，一个房间的室内气氛，用色温进行适当的处理，往往收到明显的效果。

2）兴奋与疲劳感

色彩对人的情绪有影响，如兴奋、郁闷等。如果长期生活或工作在不合理想的郁闷色彩环境中，就有可能引起人生理上的疲劳。

3）色彩的轻重感

亮的色彩有轻的感觉，暗色则给人一种重的感觉。在室内装饰中，有时采用这种对比来获得一定的装饰效果。

（4）色彩的物理现象

假若没有光线的反射作用，任何色彩都是没有用的。可是某种色彩在光的作用下，会发生一些奇妙的现象。

1）不同的色相的颜色，涂刷于建筑物表面，会造成不同的辐射热。建筑物外立面涂饰暗色的涂料，较之涂饰浅色、亮的涂料吸热多。

2）色彩的失真，这种现象主要表现在建筑物外墙或室内人工照明的情况下。如外墙采用米黄色涂料，当有阴影遮盖时，墙面会呈现赭色。

（5）色彩的调配

混色油漆色彩调配见表1-12所示。

混色油漆色彩调配　　表1-12

类别	序号	调　　配	类别	序号	调　　配
黄色	1	中黄色＝深黄色＋白漆	蓝色	13	天蓝＝白色＋少部分蓝色
	2	浅黄色＝深黄色（10%～20%）＋白漆（80%～90%）		14	湖蓝＝群青＋白色
	3	奶黄、象牙黄，以白漆为主，加少量黄		15	深灰蓝＝中蓝＋灰
	4	棕黄色＝黄漆＋紫红	绿色	16	中绿＝柠檬黄＋中蓝
红色	5	朱红＝大红＋少量铬黄		17	深绿＝中铬黄＋中蓝
	6	金红＝红＋铬黄		18	豆绿＝浅黄＋浅蓝
	7	紫红＝铁红＋少量黑色		19	果绿＝柠檬黄＋浅蓝
	8	肉红＝牙红＋粉红		20	草绿＝浅黄＋浅蓝
	9	粉红＝白色＋少量大红	灰色	21	鸭蛋青＝白色为主＋少量蓝和黄
	10	玫瑰红＝大红＋群青＋少量白色		22	淡灰色＝白色为主＋蓝＋黑＋黄
	11	栗色＝紫红＋少量黄色		23	瓦灰＝白色为主＋黑＋蓝
蓝色	12	中蓝＝深蓝＋白色		24	银灰色＝白色为主＋蓝＋黄＋黑

2.2 裱糊的基本知识

裱糊类材料品种繁多，有壁纸、墙布、织物及天然材料等。其中壁纸是国内外应用最为广泛的普通墙面装饰材料。

壁纸是一种薄型饰面材料，它由面层材料与基纸复合而成，主要通过胶粘剂贴到具有一定强度的平整基层上，如贴到水泥砂浆基层、胶合板基层、石膏板基层等。

2.2.1 壁纸的分类

壁纸品种繁多，有各种各样的分类方法，从而使同一产品有几个名称。例如，按外观装饰效果分类，有印花壁纸、压花壁纸、浮雕壁纸等；按功能分类，有装饰壁纸、耐水壁纸、防火壁纸等；按施工方法分类，有现场刷胶裱贴的和背面预涂压敏胶直接铺贴的。为简明起见，我们按壁纸所用的材料进行分类，大致可以分为以下几类。

(1) 纸面纸基壁纸

这是发展最早的壁纸。纸面上可印刷图案或压花，基层透气性好，使墙面基层中的水分能够向外散发，不致引起变色、鼓包等现象。

(2) 织物壁纸

织物壁纸是用丝或羊毛、棉、麻等纤维织成面层，以纱布或纸为基材，经压合而成。其特点是天然动植物纤维或人造纤维有良好的手感和丰富的质感，色调高雅、无毒、无塑料气味、无静电、不褪色、耐磨、吸声效果好，一般用于高级房间墙面和顶棚装饰。

(3) 天然材料面壁纸

天然材料面壁纸是指采用草、麻、木材、金属、树叶、竹篾等制成的壁纸。其优点是具有自然风格，朴素大方，乡村气息浓厚，让人有融入大自然的感觉。离自然环境较远的城市居民比较喜爱。

(4) 塑料壁纸

这是近年来在裱糊装饰工程中应用最为广泛的一种壁纸。它是采用涂布或压延法的生产工艺制成。在国际市场上，塑料壁纸大致可分为三类，即普通壁纸、发泡壁纸和特种壁纸。

2.2.2 壁纸的作用

壁纸的作用主要体现在以下几个方面。

(1) 可根据需要，利用壁纸的图案和色调，获得所需要的室内效果。如会议室等要求气氛严谨的场合，可采用颜色不太鲜艳、图案简单的壁纸。

(2) 利用壁纸创造一种特殊效果。如选用仿木纹、石材等壁纸可达到以假乱真的效果。

(3) 壁纸可用于特殊需要的地方。如医院病房的墙面会滋生微生物，可采用抗菌的特种壁纸，使墙壁上面不易寄生细菌。

(4) 大多数壁纸表面都比较粗糙，具有一定的吸声效果，使室内声音比较清晰。

(5) 易于清洁。尤其是塑料壁纸，可用湿布擦拭，维护保养方便。

(6) 某些特种壁纸具有耐水、防火、防霉等性能，对于要求较高的宾馆、饭店、高级公共建筑的装修能起到较好的作用。

2.2.3 壁纸、墙布符号和含义

壁纸、墙布符号和含义见图1-3所示。

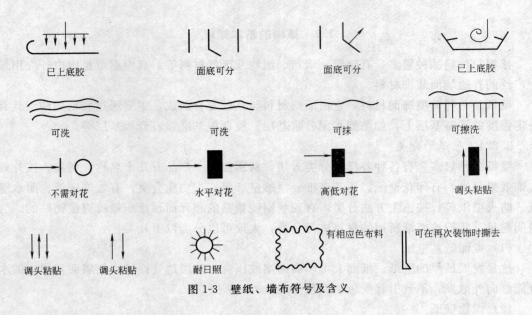

图 1-3 壁纸、墙布符号及含义

2.3 玻璃的基本知识

玻璃是用石英砂、纯碱、长石和石灰石为原料，于 1550～1600℃ 高温下烧至熔融，再经急冷而得的一种无定型硅酸盐材料。它是各向同性的匀质材料，但在冲击作用下易破碎，是典型的脆性材料。玻璃的最大特点是透光和透视，同时能降低建筑物的自重、提高抗震性能；能有效地控制光线、调节室内的气温、节约能源、控制噪声；还能改善建筑物的环境，提高建筑物优美、壮观的装饰艺术效果。

2.3.1 玻璃的制造

建筑用玻璃的制造方法有引拉法、浮法、辊磨法、模注法等。其中常用的是引拉法和浮法。

引拉法有平拉法和引上法，是将高温液体玻璃冷至较稠时，由耐火材料制成的槽子中挤出，然后将玻璃液体垂直向上拉起，经石棉辊成型，并截成规则的薄板。这种传统方法生产玻璃的优点是工艺较简单，缺点是玻璃厚薄不易控制，容易出现波筋和波纹。

浮法工艺是一种现代生产玻璃的方法，不经过辊子成型，而是将高温液体玻璃经锡槽浮抛，又经退火冷却，最后引出到工作台切割。浮法生产玻璃的最大特点是玻璃不变形，表面光滑平整，厚薄均匀，光学性能稳定，单块面积大。

2.3.2 玻璃的分类

玻璃的品种很多，分类方法也很复杂，常用的分类方法有两种：一是根据玻璃的化学成分分为钠玻璃、钾玻璃、铝镁玻璃、铅玻璃、硼硅玻璃和石英玻璃；二是按玻璃的生产工艺和主要特点分，见表 1-13 所示。

2.3.3 玻璃的基本性质

（1）密度

玻璃的密度与其化学组成有关，其值变化很大（约为 $2450\sim2550 kg/m^3$），且随温度升高而减小。

玻璃分类和主要特点　　　　　表 1-13

分　类		特　　点	用　途
平板玻璃	普通平板玻璃	用引上、平拉等工艺生产，是大宗产品，稍有波筋等	普通建筑工程
	吸热平板玻璃	有吸热(红外线)功能	防晒建筑等
	磨光平板玻璃	表面平整，无波筋，无光学畸变	制镜、高级建筑
	浮法平板玻璃	用浮法工艺生产，特性同磨光平板玻璃	制镜、高级建筑
	压花平板玻璃	透漫射光，不透视，有装饰效果	门窗及装饰屏风
装饰类玻璃	釉面玻璃	表面施釉，各饰以彩色花纹图案	装饰门窗、屏风
	镜玻璃	有反射功能	制镜、装饰
	拼花玻璃	用工字铅(或塑料)条拼接图案花纹	装饰、门窗
	磨(喷)砂玻璃	透漫射光，可按要求制成各种图案	装饰、门窗
	颜色玻璃	各种美丽鲜艳的色彩	装饰、信号等
	彩色膜玻璃	各种美丽的色彩，可有热反射等功能	装饰、节能等
	镭射玻璃	在光源照射下，产生物理衍射光，有光谱分光的七色变化	门面、娱乐场所、装饰
	喷花玻璃	在玻璃表面贴以花纹图案，抹以护面层，经喷砂处理而成	装饰门窗、屏风
	刻花玻璃	经涂裱、雕刻、围蜡与酸蚀，研磨而成	装饰门窗、屏风
	印刷玻璃	图案处不透光，空格处透光	门窗、隔断、屏风
	冰花玻璃	透漫射光，图案酷似自然冰花，花纹闪烁，富立体感	门窗、屏风、吊顶板
	结晶化玻璃	具可塑性，晶莹滑润，强度及硬度高，可反射光泽成特殊效果	内外墙面、台面、圆柱、转角
	全黑玻璃	透光率仅1%，光泽及硬度良好	家具、壁砖、相框
	装饰玻璃	在光照或移动时，可自动反射出五彩光泽，显现不同图案	装饰、工艺品
	彩色裂花玻璃	色泽纹路变化多样	门窗、灯饰
安全玻璃	钢化玻璃	强度高，耐热冲击，破碎后成无尖角小颗粒	安全门窗等
	夹丝平板玻璃	玻璃中央夹金属丝网，有安全、防火功能	安全围墙、透光建筑
	夹层玻璃	强度高，破碎后玻璃碎片不掉落	安全门窗等
	防盗玻璃	不易破碎，即使破碎也无法进入，可带警报器	安全门窗、橱窗等
	防爆玻璃	能承受一定爆破压冲击，不破碎，不伤人	观察窗口
	防弹玻璃	防一定口径枪弹射击，不穿透	安全建筑、哨所等
	防火玻璃	平时是透明的，能防一定等级的火灾，在一定时间内不破碎，能隔烟，并可带防火警报器	安全防火建筑
	钛化铁甲玻璃	高抗碎力，高防热及防紫外线功能，安装施工方便	安全门窗、哨所
	异形玻璃	透光、隔热、隔声和机械强度高，现场加工及切割困难	天窗、屋面、雨棚等
新型装饰玻璃	电热玻璃	不会发生水分凝结，蒙上水汽和冰花等	门窗、观察窗口、风挡玻璃
	热反射玻璃	反射红外线，有清亮效果，调制光线	玻璃幕墙、高级门窗
	低辐射玻璃	辐射系数低，传热系数小	高级建筑门窗等
	选择吸收玻璃	有选择地吸收或反射某一波长的光线	高级建筑门窗等
	防紫外线玻璃	吸收或反射紫外线，防紫外线辐射伤害	文物、图书馆、医疗等
	光致变色玻璃	在光照下变色	遮阳
	双层中空玻璃	有保温、隔热、隔声、调制光线等效果，采用热反射、吸热、低辐射玻璃制作效果好	空调室、寒冷地区建筑
	电致变色玻璃	在一定电压下变色	遮阳、广告等
	仿大理石玻璃	外观如同天然大理石，但性能均优于大理石	与大理石相同
	浮印大理石玻璃	具有大理石的外观，易加工成不同形状规格	墙面、台面、柱面

续表

分类		特点	用途
玻璃砖	玻璃贴面砖	平整、反射性好、抗冻、耐酸碱、易施工安装	内外墙
	彩色玻璃砖	色彩多样、耐酸碱、耐磨	墙面及防污要求高的部位
	特厚玻璃	厚度超过12mm的玻璃	玻璃幕墙、安全玻璃
	空心玻璃砖	由凹型玻璃焊接成，透漫射光，强度高	透光墙面、屋面等
	玻璃锦砖（马赛克）	色彩丰富可镶嵌成各种图案	内外墙装饰、大型壁画等
	泡沫玻璃	体轻、保温、隔热、防霉、防蛀、施工方便	隔热、深冷保温等

(2) 力学性质

玻璃的力学性质决定于化学组成、制品形状、表面性质和加工方法。凡含有环境污染未熔杂物结石、节瘤或具有细微裂纹的制品，都会造成应力集中，从而急剧降低其机械强度。

在建筑工程中玻璃常常经受弯曲、拉伸和冲击，很少受压，所以力学性质的主要指标是抗拉强度和脆性指标。玻璃的理论抗拉强度极限为12000MPa，实际强度仅为理论强度的1/300～1/200，大致为30～60MPa。而抗压强度约为700～1000MPa。脆性是玻璃的主要缺点。

(3) 热物理性质

一定量的玻璃的比热与化学成分有关。在室温下比热的波动范围为$0.6\sim1.05$kJ/(kg·K)。玻璃的热膨胀系数也决定于化学组成，普通玻璃一般$(3\sim11)\times10^{-6}$/℃之间。普通玻璃的导热系数为0.69～0.93W/(m·K)。

(4) 光学性质

玻璃既能透过光线，又能反射和吸收光线，所以厚玻璃和重叠多层的玻璃，往往不易透光。玻璃的反射光能与投射光能之比称为反射系数。反射系数的大小决定于反射面的光滑程度、折射率及投射光线的入射角的大小。

玻璃对光线的吸收能力随着化学组成和颜色而异。一般无色玻璃可透过各种颜色的光线，但吸收红外线和紫外线。各种颜色玻璃能透过同色光线而吸收其他颜色的光线。石英玻璃和硼、磷玻璃能透过紫外线。锑、钾玻璃能透过红外线。

玻璃的折射性质受化学组成的影响，其折射率随温度上升而增加。光线通过玻璃时，折射率随光波长变化而变化的现象，称为色散，这种现象对光学用的玻璃质量有严重的影响。

(5) 化学稳定性

玻璃具有较高的化学稳定性。除氢氟酸和磷酸外，玻璃对其他溶液都具有较强的抗侵蚀能力。

2.3.4 玻璃的表面处理

对玻璃进行表面处理，不仅可以改善玻璃的外观和表面性质，还可以对玻璃进行装饰。

(1) 玻璃的化学蚀刻

玻璃的化学蚀刻是用氢氟酸溶掉玻璃表面的硅氧，根据残留盐类的溶解度各不相同，而得到有光泽的表面或无光泽的表面。

影响蚀刻表面的主要因素是玻璃的化学组成和蚀刻液的组成。生产中根据不同的需要采用各种蚀刻液或蚀刻膏。

(2) 化学抛光

化学抛光的原理与化学蚀刻一样，利用氢氟酸破坏玻璃表面原有的硅氧膜，生成一层新的硅氧膜，使玻璃得到很高的光洁度与透明度。

化学抛光有两种方法，一种是单纯利用化学侵蚀作用，另一种是用化学侵蚀和机械研磨相结合的方法。前者大都应用于玻璃器皿，后者大都应用于平板玻璃。

(3) 表面金属涂层

金属涂层广泛用于制造热反射玻璃、护目玻璃、膜层导电玻璃及玻璃器皿和装饰品等。

玻璃表面镀金属薄膜的方法，有化学法和真空沉积法。前者可分为还原法、水解法（又称液相沉积法）等。后者又分为真空蒸发法、真空电子枪蒸镀法等。

(4) 表面着色

玻璃表面着色就是在高温下用着色离子的金属、熔盐、盐类的糊膏覆在玻璃表面上，使着色离子与玻璃中的离子进行交换，扩散到玻璃表面层中去，使玻璃表面着色。有些金属需要还原为原子，原子集聚成胶体而着色。表面着色的优点是设备简单，操作易掌握，且着色以后的玻璃是透明的，表面平滑光洁，缺点是生产效率低。

2.4 质量验收标准和检验方法

2.4.1 涂刷工程

(1) 一般规定

1) 本规定适用于水性涂料涂饰、溶剂型涂料涂饰、美术涂饰等分项工程的质量验收。

2) 涂料工程验收时应检查下列文件和记录：

(a) 涂料工程的施工图、设计说明及其他设计文件；

(b) 材料的产品合格证书、性能检测报告和进场验收记录；

(c) 施工记录。

3) 各分项工程的检验批应按下列规定划分：

(a) 室外涂刷工程每一栋楼的同类涂料涂刷的墙面每 $500\sim1000m^2$ 应划分为一个检验批，不足 $500m^2$ 也应划分为一个检验批；

(b) 室内涂饰工程同类涂料的墙面每 50 间（大面积房间和走廊按涂饰面积 $30m^2$ 为一间）应划分为一个检验批，不足 50 间也应划分为一个检验批。

4) 检查数量应符合下列规定：室内涂饰工程每个检验批应至少抽查 10%，并不少于 3 间；不足 3 间时应全数检查。

5) 涂刷工程的基层处理应符合下列要求：

(a) 新建筑物的混凝土或抹灰基层再涂饰前应涂刷抗碱封闭底漆。

(b) 旧墙面再涂刷涂料前应清除疏松的旧装修层，并涂刷界面剂。

(c) 混凝土或抹灰基层涂刷溶剂型涂料时，含水率不得大于 8%；涂刷乳液型涂料时，含水率不得大于 10%；木材基层的含水率不得大于 12%。

(d) 基层腻子应平整、坚实、牢固、无粉化、起皮和裂缝；内墙腻子的粘结强度应符合《建筑室内用腻子》（JC/T 3049—1998）的规定。

（e）厨房、卫生间墙面必须使用耐水腻子。

6）水性涂料涂饰工程施工的环境温度应在5～35℃之间。

7）涂饰工程应在涂层养护期满后进行质量验收。

（2）水性涂料涂饰工程

1）本规定适用于乳液型涂料、无机涂料、水溶性涂料等水性涂料涂饰工程的质量验收。

2）主控项目：

（a）水性涂料涂饰工程所用涂料的品种、型号和性能应符合设计要求。

检验方法：检查产品合格证书、性能检测报告和进场验收记录。

（b）水性涂料涂饰工程的颜色、图案应符合设计要求。

检验方法：观察。

（c）水性涂料涂饰工程应涂饰均匀、粘结牢固、不得漏涂、透底、起皮和掉粉。

检验方法：观察；手摸检查。

（d）水性涂料涂饰工程的基层处理应符合本规范的要求。

检验方法：观察；手摸检查；检查施工记录。

3）一般项目：

（a）薄涂料的涂饰质量和检验方法应符合表1-14的规定。

薄涂料的涂饰质量和检验方法　　　　表1-14

项次	项目	普通涂饰	高级涂饰	检验方法
1	颜色	均匀一致	均匀一致	观察
2	泛碱、咬色	允许少量轻微	不允许	观察
3	流坠	允许少量轻微	不允许	观察
4	砂眼、刷纹	允许少量轻微砂眼、刷纹通顺	无砂眼、无刷纹	观察
5	装饰线、分色线直线度允许偏差（mm）	2	1	拉5m线，不足5m拉通线，用钢直尺检查

（b）厚涂料的涂饰质量和检验方法应符合表1-15的规定。

厚涂料的涂饰质量和检验方法　　　　表1-15

项次	项目	普通涂饰	高级涂刷	检验方法
1	颜色	均匀一致	均匀一致	观察
2	泛碱、咬色	允许少量轻微	不允许	
3	点状分布	—	疏密均匀	

（c）复层涂料的涂饰质量和检验方法应符合表1-16的规定。

复层涂料的涂饰质量和检验方法　　　　表1-16

项次	项目	质量要求	检验方法
1	颜色	均匀一致	观察
2	泛碱、咬色	不允许	
3	喷点疏密程度	均匀、不允许连片	

（d）涂层与其他装修材料和设备衔接处应吻合，界面应清晰。

检验方法：观察。

（3）溶剂型涂料涂饰工程

1）本规定适用于丙烯酸涂料、聚氨酯丙烯酸涂料、有机硅丙烯酸涂料等溶剂型涂料涂饰工程的质量验收。

2）主控项目：

（a）溶剂型涂料涂饰工程所用涂料的品种、型号和性能应符合设计要求。

检验方法：检查产品合格证书、性能检测报告和进场验收记录。

（b）溶剂型涂料涂饰工程的颜色、光泽、图案应符合设计要求。

检验方法：观察。

（c）溶剂型涂料涂饰工程应涂饰均匀、粘结牢固、不得漏涂、透底、起皮和反锈。

检验方法：观察；手摸检查。

（d）溶剂型涂料涂饰工程的基层处理应符合本规范的要求。

检验方法：观察；手摸检查；检查施工记录。

3）一般项目：

（a）色漆的涂饰质量和检验方法应符合表1-17的规定。

色漆的涂饰质量和检验方法　　　　　　　　表1-17

项次	项　目	普通涂饰	高级涂饰	检验方法
1	颜色	均匀一致	均匀一致	观察
2	光泽、光滑	光泽基本均匀、光滑无挡手感	光泽均匀一致、光滑	观察、手摸检查
3	刷纹	刷纹通顺	无刷纹	观察
4	裹棱、流坠、皱皮	明显处不允许	不允许	观察
5	装饰线、分色线直线度允许偏差（mm）	2	1	拉5m线，不足5m拉通线、用钢直尺检查

（b）清漆的涂饰质量和检验方法应符合表1-18的规定。

清漆的涂饰质量和检验方法　　　　　　　　表1-18

项次	项目	普通涂饰	高级涂饰	检验方法
1	颜色	基本一致	均匀一致	观察
2	木纹	棕眼刮平、木纹清楚	棕眼刮平、木纹清楚	观察
3	光泽、光滑	光泽基本均匀、光滑无挡手感	光泽均匀一致、光滑	观察、手摸检查
4	刷纹	无刷纹	无刷纹	观察
5	裹棱、流坠、皱皮	明显处不允许	不允许	观察

（c）涂层与其他装修材料和设备衔接处应吻合，界面应清晰。

检验方法：观察。

（4）美术涂饰工程

1）本规定适用于套色涂饰、滚花涂饰、仿花纹涂饰的室内外美术涂饰工程的质量验收。

2）主控项目：

（a）美术涂饰所用材料的品种、型号和性能应符合设计要求。

检验方法：观察；检查产品合格证书、性能检测报告和进场验收记录。

(b) 美术涂饰工程应涂刷均匀、粘结牢固，不得漏涂、透底、起皮、掉粉和泛锈。

检验方法：观察；手摸检查。

(c) 美术涂饰工程的基层处理要符合相关规范的要求。

检验方法：观察；手摸检查；检查施工记录。

(d) 美术涂饰的套色、花纹和图案应符合设计要求。

检验方法：观察。

3）一般项目：

(a) 美术涂饰表面应洁净，不得有流坠现象。

检验方法：观察。

(b) 仿花纹涂饰的饰面应具有被模仿材料的纹理。

检验方法：观察。

(c) 套色涂饰的图案不得移位，纹理和轮廓应清晰。

检验方法：观察。

2.4.2 裱糊工程

(1) 一般规定

1) 本规定适用于裱糊等分项工程的质量验收。

2) 裱糊工程验收时应检查下列文件和记录：

(a) 裱糊工程的施工图、设计说明及其他设计文件；

(b) 面材料的样板及确认文件；

(c) 材料的产品合格证书、性能检测报告、进场验收记录和复验报告；

(d) 施工记录。

3) 各分项工程的检验批应按下列规定划分：同一品种的裱糊工程每 50 间（大面积房间和走廊按涂饰面积 30m² 为一间）应划分为一个检验批，不足 50 间也应划分为一个检验批。

4) 检查数量应符合下列规定：裱糊工程每个检验批应至少抽查 10%，并不少于 3 间；不足 3 间时应全数检查。

5) 裱糊前，基层处理质量应达到下列要求：

(a) 新建筑物的混凝土或抹灰基层再涂饰前应涂刷抗碱封闭底漆。

(b) 旧墙面再涂刷涂料前应清除疏松的旧装修层，并涂刷界面剂。

(c) 混凝土或抹灰基层涂刷溶剂型涂料时，含水率不得大于 8%，木材基层的含水率不得大于 12%。

(d) 基层腻子应平整、坚实、牢固、无粉化、起皮和裂缝；内墙腻子的粘结强度应符合《建筑室内用腻子》（JC/T 3049—1998）的规定。

(e) 基层表面平整度、立面垂直度及阴阳角方正应达到本规范的高级抹灰要求。

(f) 基层表面颜色应一致。

(g) 裱糊前应用封闭底胶涂刷基层。

(2) 裱糊工程

1) 本规定适用于聚氯乙烯塑料壁纸、复合纸质壁纸、墙布等裱糊工程的质量验收。

2) 主控项目：

(a) 壁纸、墙布的种类、规格、图案、颜色和燃烧性能等级必须符合设计要求及国家现行标准的有关规定。

检验方法：观察；检查产品合格证书、性能检测报告和进场验收记录。

(b) 裱糊工程的基层处理质量应符合本规范的要求。

检验方法：观察；手摸检查；检查施工记录。

(c) 裱糊后各幅拼接应横平竖直，拼接处花纹、图案应吻合，不离缝，不搭接，不显拼缝。

检验方法：观察；拼接检查距离墙面1.5m处正视。

(d) 壁纸、墙布应粘贴牢固，不得有漏贴、补贴、脱层、空鼓和翘边。

检验方法：观察；手摸检查。

3) 一般项目：

(a) 裱糊后的壁纸、墙布表面应平整，色泽应一致，不得有波纹起伏、气泡、裂缝、皱折及斑污，斜视时无胶痕。

检验方法：观察；手摸检查。

(b) 复合压花壁纸的压痕及发泡壁纸的发泡层应无损坏。

检验方法：观察。

(c) 壁纸、墙布与各种装饰线、设备线盒应交接严密。

检验方法：观察。

(d) 壁纸、墙布边缘应平直整齐，不得有纸毛、飞刺。

检验方法：观察。

(e) 壁纸、墙布阴角处搭接应顺光，阳角处应无接缝。

检验方法：观察。

思考题与习题

1. 国家对哪些室内装饰装修材料有害物质进行限量规定？
2. 室内空气污染物的种类主要有哪些？其主要特点是什么？
3. 新型涂料发展方向是什么？
4. 常用的涂料是由哪几个部分组成的？各组分在涂料中主要起什么作用？
5. 建筑涂料有哪些类别？如何分类？
6. 涂料型号和辅助材料型号分别由哪些部分组成？
7. 写出 B01-3 和 F04-1 涂料型号的含义。
8. 建筑涂料有哪些功能？
9. 对建筑涂料一般性能有哪些要求？选用的原则是什么？
10. 什么是色彩的三要素？各有什么特点？
11. 建筑装饰色彩的个性对人的生理有何影响？
12. 玻璃有哪些基本性质？
13. 试述平板玻璃的作用和分类？
14. 壁纸有哪些种类？各有什么特点？
15. 壁纸有哪些作用？

单元 2 饰面涂裱施工的常用材料、选用方法和工具、机具

知 识 点：饰面涂裱施工的常用材料及选用；饰面涂裱施工的常用工具与机具。
教学目标：能够识别饰面涂裱的常用材料及掌握选用方法；认知饰面涂裱施工的常用工具与机具。

课题 1 饰面涂裱施工的常用材料及选用

1.1 涂料施工的常用材料及选用

1.1.1 内墙（顶棚）涂料

内墙涂料也可以用作顶棚涂料，它的作用是装饰和保护室内墙面和顶棚，使其美观整洁，让人们处于舒适的居住环境中。

内墙（顶棚）涂料的主要要求：色彩丰富协调，涂层质地平滑细洁；耐碱性、耐水性、耐粉化性、耐擦洗性能良好；防火、防霉、耐污染性能良好；透气性能良好；涂刷方便，重涂容易；价格合理。

（1）刷浆涂料

1）石灰浆

生石灰加水经过充分熟化后生成熟石灰。将熟石灰涂刷于墙面上，用作内墙面刷白，但其容易泛黄及脱粉，需要经常复涂。价格低廉，施工方便。

2）大白浆

大白浆的主要成分为大白粉，也称为白垩粉、老粉、白土粉等，是具有一定细度的碳酸钙粉末，本身没有强度和粘结性，加入胶粘剂及耐碱颜料可以配成大白浆内墙涂刷涂料。大白浆的盖底能力较高，涂层外观较石灰浆细腻、洁白。其原材料资源充沛，价格便宜，施工操作及维修更新都比较方便，因此也常应用。

（2）水溶性内墙涂料

1）水溶性内墙涂料的品种分为无机和有机两大类，前者主要是聚乙烯醇内墙涂料，后者主要是硅酸盐类。水溶性内墙涂料技术要求见表 2-1 所示。

聚乙烯醇缩甲醛内墙涂料是以聚乙烯醇与甲醛进行不完全缩醛化反应生成的聚乙烯醇甲醛水溶液为主要成膜物质，加入颜料、填料及其他助剂，经混合、搅拌、研磨和过滤而成的涂料。其特点是无味、不燃、涂层干燥快、施工方便。其耐水湿擦的性能优于聚乙烯醇水玻璃内墙涂料，被广泛应用于住宅及一般公共建筑的内墙面上。聚乙烯醇水玻璃内墙涂料技术性能见表 2-2 所示。

水溶性内墙涂料技术要求 表 2-1

性能项目	技术要求		性能项目	技术要求	
	Ⅰ类	Ⅱ类		Ⅰ类	Ⅱ类
容器中状态	无结块、沉淀和絮凝		涂膜外观	平整、色泽均匀	
黏度(s)	30～75		附着力(%)	100	
细度(μm)	≤100		耐水性	无脱落、起泡和皱皮	
遮盖力(g/m²)	≤300		耐干擦性(级)	—	≤1
白度(%)	≥80		耐洗刷性(次)	≥300	—

聚乙烯醇水玻璃内墙涂料技术性能 表 2-2

项目	性能	项目	性能
容器中状态	经搅拌无结块、沉淀和絮凝现象	遮盖力(g/m²)	≤300
外观	涂层平整光滑,色泽均匀	白度(%)	≥80
耐水性(24h)	涂层无剥落、起泡和皱皮现象	附着力(%)	100
黏度(s)	35～75	耐擦性	≤1 级
细度(μm)	≤90		

2）碱金属硅酸盐系涂料，俗称水玻璃涂料。这是以硅酸钾，硅酸钠为胶粘剂的一类涂料，通常由胶粘剂、固化剂、着色颜料、体质颜料及分散剂搅拌混合而成。其特点是无味、无毒、施工方便。有优良的耐水性、耐老化性、耐热性，涂膜具有良好的耐酸、耐碱、耐冻融、耐污染性能，原材料资源丰富，价格较低。碱金属硅酸盐系涂料技术性能见表 2-3 所示。

碱金属硅酸盐系涂料技术性能 表 2-3

项目	性能
常温稳定性 23±2℃	6 个月可搅拌,无凝聚、生霉现象
热稳定性 50±2℃	30d 无结块、无凝聚、生霉现象
低温稳定性 −5±1℃	3 次无结块、无凝聚、破乳现象
涂料黏度(ISO 杯)(s)	40～70
涂料遮盖率(g/m²)	≤350
干燥时间(h)	≤2
涂层耐水性(500h)	无起泡、软化、剥落现象,无明显变色
涂层耐洗刷性(1000 次)	不露底
涂层耐碱性(300h)	无起泡、软化、剥落现象,无明显变色
涂层耐冻融循环性(10 次)	无起泡、剥落、裂纹、粉化现象
涂层粘结强度(MPa)	≥0.49
涂层耐老化性(800h)	无起泡、剥落;裂纹 0 级;粉化、变色 1 级
涂层耐沾污性(%)	≤35

(3) 合成树脂乳液型涂料（乳胶漆）

以高分子合成树脂乳液为主要成膜物质的墙面涂料称为乳液型墙面涂料，是采用乳液型基料，将填料及各种助剂分散于其中而成的一种内外墙都适用的水性建筑涂料。按涂料质感，可分为薄质乳液涂料、厚质涂料和彩色砂壁状涂料、水乳型合成树脂涂料。

其特点是无毒、不燃、不污染环境、透气性好，涂膜耐水、耐碱、耐候等性能良好。

乳胶漆的种类很多，通常以合成树脂乳液来命名的，主要品种有聚醋酸乙烯乳胶漆、乙-丙乳胶漆、苯-丙乳胶漆、丙烯酸酯乳胶漆、聚氨酯乳胶漆等。合成树脂乳液内墙涂料的技术要求见表 2-4 所示。

合成树脂乳液内墙涂料技术要求　　　　　　表 2-4

项目	指标		项目	指标	
	一等品	合格品		一等品	合格品
在容器中状态	搅拌混合后无硬块，呈均匀状态		对比率（白色和浅色）	≥0.93	≥0.90
施工性	涂刷两道无障碍		耐碱性（24h）	无异常	
涂膜外观	涂膜外观正常		耐洗刷性（次）	≥300	≥100
干燥时间(h)	≤2		涂料耐冻融性	不变质	

1) 聚醋酸乙烯乳液涂料

聚醋酸乙烯乳液是醋酸乙烯乳胶漆的主要成膜物质，加入颜料、填料以及各种助剂，经过研磨或分散处理而制成的一类乳液涂料。特点是无毒、不燃，装饰效果良好，透气性好，价格适中，适宜涂刷内墙，不宜作为外墙应用。聚醋酸乙烯乳液涂料技术性能见表 2-5 所示。

聚醋酸乙烯乳液涂料技术性能　　　　　　表 2-5

项目	性能
涂膜颜色及外观	符合标准样本及其色差范围，平整无光
黏度（涂-4 黏度计，25±1℃）(s)	加 20% 水测，15～45
固体含量（%）	≥45
干燥时间(25±1℃，相对湿度 65±5%)(h)	实干≤2
遮盖力（白色和浅色）(g/m²)	≤170
光泽（%）	≤10
耐水性（96h）	漆膜无变化
附着力	≥2 级
抗冲击（N·cm）	≥40℃
硬度	≥0.3

2) 丙烯酸酯乳液涂料

又称纯丙烯酸聚合物乳胶漆，是由甲基丙烯酸甲酯、丙烯酸丁酯、丙烯酸乙酯等丙烯酸系单体加入乳化剂、引发剂等，经过乳液聚合反应而制得纯丙烯酸酯乳液，以该乳液为主要成膜物质加入颜料、填料以及各种助剂，经过分散、混合、过滤而成的乳液涂料，是优质的内外墙乳液涂料。其最突出的优点是涂膜光泽柔和，有优良的耐候性、保光性和保色性，在性能上比其他共聚物乳胶漆好，但价格高。有光丙烯酸酯乳液涂料见表 2-6 所示。

有光丙烯酸酯乳液涂料　　　　表 2-6

项　目	性　能	项　目	性　能
光泽（60°光泽）	≥80%	耐洗刷性（次）	≥1000
干燥时间（h）	≤2	耐人工老化性（1000h）	粉化 1 级，变色 2 级
对比率（白色和浅色）	≥0.9	耐冻融性	不变质
耐水性（96h）	无异常	涂层耐温变性（10 次循环）	无异常
耐碱性（48h）	无异常		

1.1.2 其他内墙涂料

(1) 云彩内墙涂料

云彩内墙涂料又名梦幻内墙涂料，其装饰效果绚丽多彩。云彩涂料是由基料、颜料、填料和助剂等基本涂料组分组成，但云彩涂料更注重涂装技术。其特点是除具有一般内墙涂料的特点外，其施工方法可以喷、滚、抹涂；色彩可以现场调配，任意套色；涂层耐磨、耐洗刷性好。

(2) 聚氨酯聚酯仿瓷墙面涂料

聚氨酯和聚酯复合物为主要的成膜物质。为溶剂型内墙涂料，其涂层光洁度非常好，类似瓷砖状，适用于工业厂房车间、民用住宅卫生间及厨房的内墙与顶棚装饰。

(3) 复层涂料

复层建筑涂料又称复层涂料，是以水泥、硅溶胶、合成树脂乳液等粘结料和骨料为主要原料，用刷涂、滚涂和喷涂的方法，在建筑物墙面上涂覆 2～3 层，形成厚度为 1～5mm 的凹凸点花纹或平状面层的涂料。

主要特点是复层建筑涂料一般由封底、主涂层和罩面层组成。封底起封闭基层作用，主涂层起骨架作用，罩面层起保护主涂层作用，具有良好的耐水性、耐久性、耐污染性及耐候性，较高的色调和光泽。

常用的品种按主涂层所用粘结料分为聚合物水泥系复层涂料（代号 CE）、硅酸盐系复层涂料（代号 Si）、合成树脂乳液系复层涂料（代号 E）和反应固化型合成树脂乳液系复层涂料（代号 RE）。

复层涂料也称喷塑涂料、浮雕涂料、凹凸涂层涂料等，是一种适用于内、外墙面，装饰质感较强的装饰材料。

(4) 绒面内墙涂料

绒面内墙涂料又称仿绒面装饰涂料，是由带色的直径 40μm 左右的小粒子和丙烯酸酯乳液、助剂组成的，涂层优雅，手感柔软，有绒面感，涂层耐水、耐碱、耐洗刷性好。

(5) 纤维质内墙涂料

纤维质内墙涂料是由纤维质材料为主要填料，添加胶粘剂、助剂等组成的一种纤维状质感的内墙涂料。具有独特的立体感，并具有吸声、透气、防霉、阻燃等特性。采用抹涂的施工方法。

(6) 负离子内墙涂料

其功能特性是持续永久地释放负离子，能净化室内空气，防菌、防霉，保持室内空气清新。可采用刷涂、滚涂、喷涂，一般涂饰 2～3 道。

1.1.3 外墙涂料

外墙涂料的主要功能是装饰美化建筑物，使建筑物与周围环境达到完美与和谐，同时还保护建筑物的外墙免受大气环境的侵蚀，延长其使用寿命。

其特点是良好的装饰性、保色性、耐水性、抗水性、耐污染性和耐候性，便于施工和维修。

常用的外墙涂料有合成树脂乳液型外墙涂料、合成树脂乳液砂壁状外墙涂料、合成树脂溶剂型外墙涂料、外墙无机建筑涂料和复层建筑涂料。

（1）合成树脂乳液型外墙涂料

合成树脂乳液型外墙涂料是以合成树脂乳液作为主要成膜物质，加入着色颜料、体质颜料及其他辅助材料，经混合、搅拌、研磨而制得的外墙涂料。按涂料的质感可分为薄质乳胶涂料（乳胶漆）、厚质涂料及彩色砂壁状涂料等。

常用的品种有乙—丙乳胶漆、苯—丙外墙乳胶漆、丙烯酸酯乳胶漆、彩色砂壁状外墙涂料、水乳型环氧树脂乳液外墙涂料等。

主要特点是施工方便、无毒、涂膜透气性好，涂膜的光亮度、耐水性、耐久性都比较好。缺点是最低成膜温度较高，大于10℃。

（2）合成树脂溶剂型外墙涂料

溶剂型外墙涂料是以高分子合成树脂为主要成膜物质、有机溶剂为分散介质，加入一定量的着色颜料、体质颜料及其他辅助材料，经混合、搅拌溶解、研磨而配制成的涂料。

常用的品种有氯化橡胶外墙涂料、聚氨酯丙烯酸酯外墙涂料、丙烯酸酯有机硅外墙涂料、仿瓷涂料等。

主要特点是涂膜致密，具有较高的光泽、硬度、耐水性、耐酸性及良好的耐候性、耐污染性等。

（3）外墙无机建筑涂料

外墙无机建筑涂料是以碱金属硅酸盐或硅溶胶为主要成膜物质，加入相应的固化剂或有机合成树脂、颜料、填料等配制成的涂料。

常用的品种按主要成膜物质不同可分为以下两类。

A类：碱金属硅酸盐（硅酸钾、硅酸钠、硅酸锂等）及其混合物为主要成膜物质。其代表产品是JH80-1型无机建筑涂料。

B类：以硅溶胶为主要成膜物质。其代表产品是JH80-2型无机建筑涂料。

主要特点是施工方便，可刷涂、滚涂和喷涂，以水为分散介质，无毒、无味、安全，贮存稳定性好，且价格较低，最低成膜温度为5℃，0℃以下仍可固化。

1.1.4 地面涂料

（1）地面涂料的种类及其特性

地面涂料的功能是装饰和保护地面，使之与室内墙面及其他装饰相适应，为人们创造一种优雅的室内环境。

地面涂料一般直接涂覆在地面基层上，根据其装饰部位的特点，它应具有良好的耐水性、耐碱性、耐磨性、抗冲击性和重涂性，并应与地面基层有良好的粘结性能。

地面涂料按基层材质的不同可分为水泥砂浆地面涂料和木地板涂料。

（2）水泥砂浆地面涂料

1) 溶剂型地面涂料

溶剂型地面涂料系以合成树脂为主要成膜物质,加入着色颜料、体质颜料、各种辅助材料和有机溶剂配制而成的涂料。

主要特点是它属于薄质涂料,涂覆在水泥砂浆地面的抹面层上,对其起装饰和保护作用。

常用的品种有,溶剂型薄质涂料:过氯乙烯地面涂料、苯乙烯地面涂料、聚氨酯地面涂料;水乳型薄质涂料:氯—偏乳液地面涂料、丙烯酸酯地面涂料。

2) 合成树脂厚质地面涂料

合成树脂厚质地面涂料是以环氧树脂、聚氨合成树脂为主要成膜物质,加入固化剂、适量的着色颜料、体质颜料、各种辅助材料制成的厚质地面涂料。

主要特点是这种涂料通常采用刮涂方法涂覆于地面上,形成的地面涂层称为无缝塑料地面或塑料涂料。涂膜性能很好,有一定的厚度与弹性,脚感舒适。

常用的品种有,合成树脂厚质地面涂料溶剂型:环氧树脂地面涂料、不饱和聚酯涂料地面涂料、聚氨酯地面涂料;水性型:聚乙烯醇缩甲醛水泥地面涂料、聚醋酸乙烯水泥地面涂料。

(3) 木地板涂料

常用的木地板涂料主要品种及特点有:

1) 聚氨酯漆

聚氨酯是聚氨基甲酸酯的简称,它用于木地板薄质罩面涂料,有双组分和单组分,在建筑中使用越来越广。具有优良的弹性和耐磨性,色彩丰富、光泽度好。

2) 硝基漆(蜡克)

硝基清漆又称清喷漆,简称蜡克,是漆中另一类型。它的干燥是通过溶剂的挥发,而不包含有复杂的化学变化。它是以硝化棉即硝化纤维素为基料,加入其他树脂、增塑剂制成,具有干燥快、坚硬、光亮、耐磨、耐久等优点。它是一种高级涂料。

3) 聚酯漆

聚酯漆是不饱和聚酯为主要成膜物质的一种高档油漆涂料。它具有干燥迅速,漆膜丰满厚实的特点,有较高的光泽和保光性,漆膜的硬度较高,耐磨、耐热、耐寒、耐弱碱、耐溶剂性能较好。

4) UV涂料(光敏漆)

UV涂料是由反应性预聚物(涂料树脂)、活性稀释剂与光敏剂三大基本部分组成,另外还加入流平剂、促进剂、稳定剂、颜料等。干燥快、不含挥发性溶剂,也是一种无溶剂漆。它将是一种完全无污染的涂料,施工卫生条件好,对人没有危害。光泽度高、硬度高、附着力强、有良好的耐热性与耐冷冻性。

地面涂料的种类、特征及应用见表2-7所示。

1.1.5 门窗及细部涂料

门窗及细部涂料的主要功能是装饰美化室内外建筑物,使建筑物与周围环境达到完美与和谐,同时还保护门窗及细部的材料免受大气环境的侵蚀,延长其使用寿命。常用的门窗及细部涂料主要品种及特点有:

(1) 油脂漆

地面涂料的种类、特征及应用　　　　　表 2-7

涂料种类	性 能 特 征	主 要 应 用 场 合
酚醛类	属于氧化固化型涂料，具有适当的硬度、光泽、快干性，耐水和耐酸、碱性，且成本较低。但是，酚醛类涂料易黄变，耐久性差，因而需要进行改性处理，例如松香改性。酚醛类涂料比丙烯酸类涂料、醇酸类涂料的性能都差	酚醛类涂料主要用于木门窗的涂装，作为地面涂料已经很少使用，少量的酚醛瓷漆和清漆主要用于木地板的涂装
醇酸类	属于氧化固化型涂料，醇酸涂料经涂装成膜后，涂膜能够形成高度的网状结构，不易老化，耐候性好，光泽能持久不褪；涂膜柔韧、坚牢，并能耐摩擦，抵抗矿物油的腐蚀，抗醇类溶剂性良好。醇酸涂料性能上的不足是涂膜的耐水性不良，不能耐碱，在涂装时干燥成膜的时间虽然很快，但完全干透的时间较长	主要用于各种木器的涂装，如家具、门窗等，醇酸类地面涂料主要是醇酸清漆和瓷漆，前者用于木地板的涂装，后者用于木地板和水泥地面的涂装，用于水泥地面的醇酸涂料需经改性以使之具有耐碱性
丙烯酸类	属于挥发固化型涂料，丙烯酸涂料或拼用了其他树脂进行改性的丙烯酸涂料，具有很好的物理性能，涂膜光滑坚韧，并耐水性，具有优良的光泽保持性，不褪色、不粉化、耐候性、耐化学腐蚀性强，单组分，使用方便，价格相对便宜。但是，丙烯酸涂料的耐热性和耐溶剂性不良是其不足之处	品种多，用途十分广泛。例如用于各种木地板的涂装等。丙烯酸类地面涂料主要是清漆和瓷漆，用于室内装修，前者用于木地板的涂装，后者用于木地板和水泥地面的涂装
聚氨酯类	属于反应固化型涂料，所形成的涂膜具有优异的物理性能，例如硬度、附着力、耐磨性、耐碱性以及耐溶剂性能等均非常好。聚氨酯漆的耐热性能是其他一些涂料（例如丙烯酸涂料、醇酸涂料等）所不能比拟的。此外，聚氨酯涂料的涂膜光泽丰满，装饰效果非常好。因而，高质量的聚氨酯涂料（特别是双组分型）是目前常用的地面涂料中档次较高的品种	用途广泛，品种多，例如聚氨酯弹性地面涂料、双组分聚氨酯地面色漆和双组分聚氨酯清漆等。聚氨酯木器清漆用于木地板的涂装，是目前最好的涂料品种
过氯乙烯类	属于挥发固化型涂料，耐候性、耐化学腐蚀性优良；耐水耐油、防延燃性、三防性能较好。附着力较差，打磨抛光性较差，不能在 70℃ 以上高温使用，固体分低	在装饰类涂料的应用中主要是用作地面涂料，例如木地板和水泥地面的涂装
环氧树脂类	属于反应固化型涂料，涂膜附着力强，耐碱、耐溶剂；具有较好的绝缘性能和耐各种化学介质的腐蚀性能，漆膜坚韧，硬度高。室外暴晒易粉化，保光性差，色泽较深，漆膜外观较差	主要用于功能性地面涂料，即耐磨地面涂料和耐腐蚀地面涂料，用于大型工业厂房地面涂装，是该类地面应用量最大的涂料品种

　　油脂漆是以干性油或半干性油为主要成膜物质的一种涂料，又称调和漆，加入少量树脂后，称为磁性调和漆。它装饰施涂方便，附着力强，渗透性好，价格低，气味和毒性小，干固后的柔韧性好。但涂层干燥缓慢，涂层较软，强度差，不耐打磨抛光，耐高温和耐老化性差。常用的有清油、厚漆、油性调和漆和磁性调和漆。

（2）清漆

　　清漆是不含颜料的油状透明涂料，以树脂或树脂与油为主要成膜物质。油基清漆系由合成树脂、干性油、分散介质、催干剂等配制而成。油料用量较多时，漆膜柔韧，耐久且有弹性，但干燥较慢。油料用量较少时，则漆膜坚硬、光亮、干燥快，但较易脆裂。常用的有虫胶清漆（泡立水）、脂胶清漆（清凡立水）、酚醛清漆（永明漆）、醇酸清漆（三宝清漆）、硝基清漆（蜡克）、丙烯酸清漆、聚氨酯清漆、环氧清漆等。

（3）磁漆

磁漆是在清漆基础上加入无机颜料而制成的。因为漆膜光亮、坚硬，酷似瓷器所以称为磁漆。磁漆色泽丰富，附着力强，用于室内装饰和家具，也可用于室外的钢铁和木材表面。常用的有酚醛磁漆、醇酸磁漆、聚酯磁漆等。

（4）聚酯漆

聚酯漆是不饱和聚酯为主要成膜物质的一种高档油漆涂料。它具有干燥迅速，漆膜丰满厚实，有较高的光泽和保光性，漆膜的硬度较高，耐磨、耐热、耐寒、耐弱碱、耐溶剂性能较好的特点。

1.2　裱糊施工的常用材料及选用

1.2.1　壁纸

（1）塑料壁纸

塑料壁纸是当前国内外内墙裱糊工程中使用最多的一种壁纸。主要特点是色泽多样、图案丰富，通过印花、压花和发泡的工艺加工，可以仿制出石纹、木纹、锦缎及瓷砖、黏土砖等传统材料的外观，达到以假乱真的装饰效果。近年来，相继推出的高档印花、压花发泡塑料壁纸，耐水、防火、防毒和防结露等特种壁纸，无基层塑料壁纸以及可剥离壁纸和分层壁纸等新型塑料壁纸，拓宽了裱糊工程的范围。

1）普通塑料壁纸

它是以 $80g/m^2$ 的纸作基材，涂塑上 $100g/m^2$ 左右的糊状聚氯乙烯树脂，经过印花、压花而成。壁纸的花色品种多、价格便宜、应用面广。就其生产工艺的不同，产品主要有三种：单色压花塑料壁纸，印花、压花壁纸，平光印花壁纸和有光印花壁纸，见图 2-1 $(a) \sim (c)$ 所示。

2）发泡塑料壁纸

它是以 $100g/m^2$ 的纸作基材，涂塑上 $300 \sim 400g/m^2$ 掺有发泡剂的糊状聚氯乙烯树脂，印花后，再经加热、发泡而成。这种壁纸有高发泡印花壁纸、低发泡印花壁纸和低发泡印花、压花壁纸等品种，见图 2-1 (d) 所示。

3）特种塑料壁纸

特种塑料壁纸种类很多，常用的有以下几种。

防火壁纸：防火壁纸用 $100 \sim 200g/m^2$ 的石棉纸作基材，并在涂布树脂中加入阻燃剂，使壁纸具有一定的防火性能。适用于防火要求较高的建筑物和木制板面的装饰。

耐水壁纸：这种壁纸是用玻璃纤维毡作基材，适合用于浴室、卫生间等内墙装饰。

纺织艺术壁纸：由棉、毛、麻和丝等天然纤维及化纤制成的各种色泽、花色的粗细纱或织物、再与基层纸贴合而成的壁纸，另有用扁草、竹丝或麻条与棉线交织后同纸基贴合制成的。纺织艺术壁纸具有无毒、吸声、透气、调温、防霉等功能，令人有贴近大自然的感觉，但易污损、耐擦洗性较差，适用于接待室、会议室、酒吧等高级墙面装饰，见图 2-1 (e) 所示。

彩砂壁纸：在壁纸的基材上撒布彩色砂粒，然后喷涂胶粘剂，制成表面具有砂粒毛面的壁纸，适用于门厅和走廊等局部装饰。

防结露壁纸：这种壁纸在树脂层上带有许多微细小孔，可防止结露，即使产生结露现象，壁纸会整体潮湿，而不致在墙面上形成水滴。

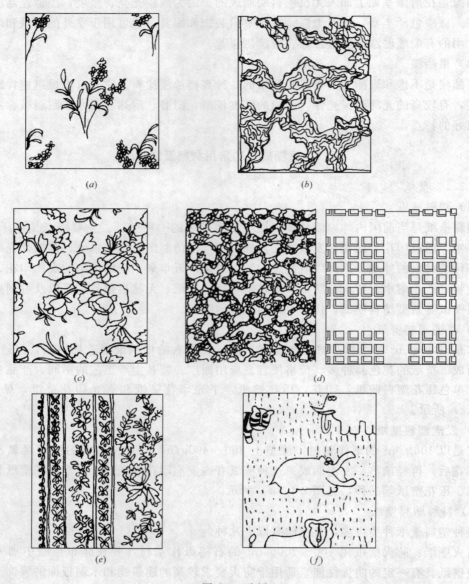

图 2-1 壁纸
(a) 纸基塑料壁纸；(b) 压花塑料壁纸；(c) 压花印花塑料壁纸；
(d) 发泡塑料壁纸；(e) 纺织艺术壁纸；(f) 预涂胶壁纸

芳香壁纸：在壁纸生产过程中掺入适量的香料。壁纸在使用过程中会散发出淡淡的芳香，用在厕所等内墙裱糊，具有除臭的功能。

防霉壁纸：在树脂中掺入适量的防霉剂，用于空气流动差和空气湿度相对较大的室内墙面装饰，具有防霉效果。

在壁纸背面预先涂一层水溶性粘结剂，可制成预涂胶壁纸，见图 2-1（f）所示。施工前将壁纸浸于水中，待粘结剂浸润后可直接贴在墙面上，简化了施工程序，提高了施工效率。

4) 技术标准

国家标准规定，以纸作基材，以聚氯乙烯（PVC）塑料为面层，经涂布或压延、印花、压花或发泡生产出聚氯乙烯塑料壁纸，塑料壁纸的技术性能见表2-8所示。

塑料壁纸的技术性能　　　　　　　　　　　　　　表 2-8

项　目	一　级　品	二　级　品
施工性	不得有浮起和剥落	不得有浮起和剥落
褪色性（光老化试验）	20h以上无变色、褪色现象	20h以上无明显变色、褪色现象
耐磨性	干磨25次,湿磨2次无明显掉色	干磨25次,湿磨2次有轻微掉色
湿强度（>2.0N/15mm）	纵横向2.0以上	纵横向2.0以上

褪色性：将壁纸试样置于老化试验机内，经碳棒光照20h后，不应出现褪色、变色现象。

耐摩擦性：将壁纸用干的白布在摩擦机上干磨25次，用湿的白布湿磨2次，都不应有明显的掉色，即白布上不应沾色。

湿强度：将壁纸置于水中浸泡5min后取出，用滤纸吸干，测定其抗拉强度应大于2.0N/15mm。

塑料壁纸的规格分大、中、小卷三种，见表2-9所示。

塑料壁纸的规格　　　　　　　　　　　　　　表 2-9

种类	长度(m)	宽度(mm)	每卷面积(m²)
大卷	50	920～1200	46～90
中卷	25～50	760～900	20～45
小卷	10～12	530～600	5～6

中卷、大卷壁纸面积大，裱糊效率高，适合于大面积公共建筑内墙装饰；小卷壁纸是生产最多的一种产品规格，选用灵活，裱糊方便，适用于一般家庭室内装饰。

质量标准：壁纸的幅宽为530±5mm或900～1000±10mm。壁纸的幅宽为530mm的壁纸每卷长度10m；幅宽900～1000mm的壁纸每卷长度50m。其他规格尺寸由供需双方协商或以标准尺寸的倍数供应，10m/卷的成品壁纸每卷为一段，50m/卷的成品壁纸每卷的段数及段长应符合表2-10的规定。

聚氯乙烯塑料壁纸每卷段长　　　　　　　　　　　　　　表 2-10

级　别	每卷段数(不少于)	最小段长(不小于)
优等品	2段	10m
一等品	3段	3m
合格品	4段	3m

外观质量：聚氯乙烯塑料壁纸的外观是影响装饰效果的主要因素，故要求不准有折印、色差和明显的污点；印花壁纸的套色偏差应不大于1mm，并不准出现漏印；压花壁纸的压花应达到规定的深度，不准出现光面。各等级壁纸的外观质量要求应符合表2-11的规定。

塑料壁纸的外观质量标准　　　　　　　　表 2-11

等级名称	优等品	一等品	合格品
色差	不允许有	不允许有明显差异	允许有差异，但不影响使用
伤痕和皱褶	不允许有	不允许有	允许基纸有明显折印，但壁纸表面不许有死折
起泡	不允许有	不允许有	不允许有影响外观的气泡
套印精度	偏差不大于 0.7mm	偏差不大于 1mm	偏差不大于 2mm
露底	不允许有	不允许有	允许有 2mm 的露底，但不允许密集
漏印	不允许有	不允许有	不允许有影响外观的漏印
污染点	不允许有	不允许有目视明显的污染点	允许有目视明显的污染点，但不允许密集

（2）纸基织物壁纸

多少年来，织物仅为满足人们生理的需要而进入生活，现代社会人民的物质生活水平不断提高，对织物的要求，更注重它的精神作用。织物装饰制品，以其独特的柔软质地和具有特殊效果的色彩来柔化空间，美化环境，它将温暖带入室内的作用深受人们的青睐。

纸基织物壁纸是以纸为基层，纸基质量为 100g/m² （绉纸），纸基强度为 80N/500mm×200mm，纸面粘接各类彩色纺线而成。

用线的排列形式，有的为绒面，可排成各种花纹；有的带荧光，线里编有金、银线，使纸面呈现金光闪烁；有的直接压制成浮雕绒面图案，使其装饰艺术效果别具一格。

纸基织物壁纸适用于宾馆、饭店、会议室、接待室、疗养院、计算机房及家庭卧室等墙面装饰。

（3）其他壁纸

近年来开发研制的新型壁纸品种很多，如蛭石壁纸、金属壁纸、丝绸壁纸、金纱壁纸、软木壁纸、石英纤维壁纸和植绒壁纸等，它们都以自身的优点丰富了装饰材料市场，并以超长的装饰效果赢得人们的青睐。

1) 蛭石壁纸

蛭石壁纸是一种集装饰性和功能性于一体的新型内墙裱糊材料。它是以颗粒状的无机绝热材料膨胀蛭石为面层材料，以纸、无纺布和玻璃纤维毡为基材，经复合加工而成。表面色彩艳丽，有深绿、淡绿、青铜、黄铜、金黄和银灰等色调，并闪烁出珍珠光泽，既表现出原始的粗犷，又表现出现代的典雅，同时具有良好的保温、隔热、吸声、隔声和吸湿的性能，适用于饭店、宾馆、办公楼和大型商场内墙装饰。

2) 金属壁纸

金属壁纸是用彩色印刷铝箔与防水基层纸复合而成的一种新型裱糊材料，具有表面光洁、金碧辉煌、图案清晰、庄重华贵、耐水耐磨、不发斑、不发霉和不褪色等优点，适用于高级宾馆、饭店、商场等建筑的门面、柱面、客厅内墙及高级住宅的内墙面装饰。

3) 植绒壁纸

植绒壁纸是在厚纸上用高压静电的植绒方法而制成的一种墙面裱糊材料。这种壁纸以绒毛为面料，外观色泽柔和、富丽堂皇、高雅华贵、手感滑爽，且有吸声、不透水和阻燃的优良性能，适合宾馆、饭店的客房、会议室、音乐厅堂、接待室、酒吧间和家庭卧室的内墙裱糊。

1.2.2 墙布

墙布是用人造纤维或天然纤维织成的布为基料，布面涂上树脂，并印上所要求的色彩图案而成。墙布具有色彩绚丽、图案美观、富有弹性和手感好等特点，是近年来应用较多的一种内墙裱糊材料。

（1）化纤装饰墙布

化纤装饰墙布是以化纤布为基材，经一定处理后印花而成。具有无毒、无味、透气、防潮、耐磨、不分层等优点。适用于旅店、办公室、会议室和居民住宅等室内装饰。其规格、技术性能，见表2-12所示。

化纤装饰墙布规格、技术性能　　　　　　　　　　　　表 2-12

品　名	规格（mm）	技　术　性　能
"多纶"粘涤棉墙布	厚度：0.32 长度：50 质量：8.5kg/卷 胶粘剂：配套使用"DL"香味胶水胶粘剂	日晒牢度：红绿色类 4～5 级 　　　　　红棕色类 2～3 级 摩擦牢度：干 3 级 　　　　　湿 2～3 级 强度：经向 300～40N 　　　纬向 290～40N 老化度：3～5 年

（2）无纺贴墙布

无纺贴墙布是采用天然棉、麻纤维或涤纶、腈纶等合成纤维，经无纺成型、涂布树脂、印刷彩色花纹而成的一种内墙裱糊材料。主要特点是挺括性好、富有弹性、不折、不老化、对皮肤无刺激作用、图案色彩鲜艳且不褪色，透气性、防潮性、耐擦洗性都较好。涤纶棉无纺墙布除具有麻质无纺墙布的优点外，还具有质地细腻、光滑、手感好等特点，是一种高级裱糊材料，适用于高级公共建筑和高级住宅的内墙装饰。其产品规格为：厚度 0.12～0.18mm、宽度 850～900mm。主要性能见表 2-13 所示。

无纺贴墙布　　　　　　　　　　　　表 2-13

产品名称	技　术　指　标		
	重量（g/m²）	强度（N/mm²）	粘贴牢度（N/2.5cm）
涤纶无纺墙布	75	2.0	5.5（粘贴在混合砂浆墙面上） 3.5（粘贴在油漆墙面上）
麻无纺墙布	100	1.4	2.0（粘贴在混合砂浆墙面上） 1.5（粘贴在油漆墙面上）

注：表中"粘贴牢度"是指用白胶和化学糨糊粘贴的牢度。

（3）棉纺装饰贴墙布

棉纺装饰贴墙布又称纯棉织物布，它是将纯棉布经过处理、印花、涂敷耐磨树脂而成。其主要特点是静电小、强度高、蠕变性小、无光、无毒、无味、吸声、隔声性能好、花色、图案宜人、无公害，是环保型的装饰材料，适合于混凝土墙面、水泥砂浆墙面、石膏板、胶合板、纤维板和石棉水泥板等基层的饭店、宾馆、写字楼等公共建筑的内墙裱糊装饰。装饰墙布的规格、性能见表 2-14 所示。

装饰墙布的规格、性能 表 2-14

品名	规格(mm)	技 术 性 能
装饰墙布	厚度：0.35	冲击强度：34.7J/cm² 断裂强度：纵向 770N/5mm×20mm 断裂伸长率：纵向 3%；横向 8% 耐磨性：500 次 静电效应：静电值 184V；半衰期 1s 日晒强度：7 级 洗刷强度：3～4 级 湿摩擦：4 级

（4）高级装饰织物

近年来，在一些高级宾馆、饭店、酒吧和娱乐场所的内墙兴起了一种软包装饰热，即在建筑的内墙、内柱面等处用丝绒、呢料和棉缎等高级织物进行装饰，以求最佳的使用功能和装饰效果见图 2-2 所示。

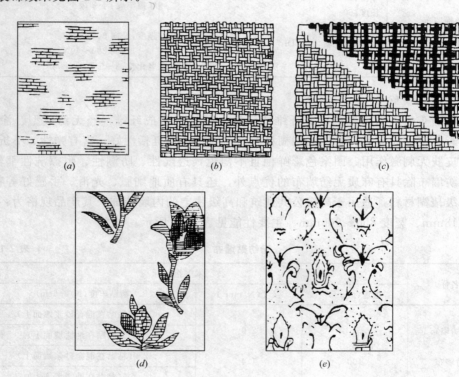

图 2-2 墙面装饰织物

（a）棉纱织物；（b）麻毛织物；（c）染色线条织物；（d）、（e）仿锦缎塑料壁纸

丝绒色彩华丽、质感厚实，给人们以温暖感，适合作室内隔墙裱糊或浮挂，还可以用来加工窗帘。

呢料多为粗毛或仿毛化纤织物及麻类织物，纹理古朴、厚实、吸声、隔声性能好，质感粗实厚重、温暖感好，适合大型厅堂柱面等的裱糊装饰。

锦缎是一种纺织品，主要特点是纹理细腻、柔软绚丽、高雅华贵、古朴精致，其价格远远高于一般内墙、柱面的裱糊材料,在古代建筑和现代高级公共建筑和住宅内墙裱糊中应用广泛。主要缺点是柔软变形、挺括性差、不耐潮湿,受潮后容易霉变,防火性能差,施工时要求操作技术高。

1.3 常用的玻璃材料及选用

1.3.1 平板玻璃

(1) 普通平板玻璃

也称单光玻璃、净片玻璃,简称玻璃,属于钠钙玻璃,是未经研磨加工的平板玻璃。主要用于装配门窗,起着透光、透视、挡风和保温的作用。使用中要求具有良好的透明度和表面平整无缺陷性,普通平板玻璃是建筑玻璃中用量最大的一种。

普通平板玻璃的计算单位为标准箱和重量(质量)箱。厚度为2mm的平板玻璃,每$10m^2$为一标准箱,一标准箱的重量称重量箱,为50kg。其他厚度规格的玻璃,均应进行标准箱和重量(质量)箱换算,其换算系数见表2-15所示。

普通平板玻璃各种厚度标准箱、重量箱换算系数　　　　表2-15

厚度(mm)	$10m^2$折标准箱系数	$10m^2$折重量(质量)箱系数	每标准箱平方米数
2	1.00	1.00	10.0
3	1.65	1.50	6.25
4	2.50	2.00	4.00
5	3.50	2.50	2.86
6	4.50	3.00	2.22

【例】 某单位购入长1500mm、宽1000mm、厚度为3mm的普通平板玻璃共20箱,每箱内装玻璃20片,试计算一下这批玻璃折合多少标准箱?多少重量(质量)箱?

【解】 这批玻璃的总面积为$1.5\times1\times20\times20=600m^2$。

经查表2-15知:3mm厚平板玻璃标准箱折算系数为1.65,重量(质量)箱折算系数为1.50。

$$\therefore 标准箱=\frac{600}{10}\times1.65=99 \quad\quad 重量箱=\frac{600}{10}\times1.50=90$$

(2) 浮法玻璃

浮法玻璃一般按其厚度可分为3、4、5、6、8、10、12、15、19、25mm等十类,其中15～25mm加厚玻璃目前生产厂家较少。主要用于高级建筑物的门窗玻璃、玻璃门、大尺寸的玻璃墙体;还可用于有机玻璃的模具玻璃、夹层玻璃和中空玻璃的原片。

(3) 磨光玻璃

又称镜面玻璃或白片玻璃,是将普通平板玻璃进行抛光后的玻璃,分单面磨光和双面磨光两种。表面平整光滑且有光泽,物像透过玻璃不变形,透光率大于84%。双面磨光玻璃还要求两面平行。厚度一般为5～6mm,其尺寸可根据需要定制,质量规格尚无统一标准。

(4) 磨砂玻璃

磨砂玻璃又称毛玻璃、暗玻璃。它是将平板玻璃的表面经机械喷砂或手工研磨或氢氟酸溶蚀等方法处理成均匀毛面而成。由于表面粗糙，使光线产生漫射，只有透光性而不能透视，用于需要隐秘和不受干扰的房间，如浴室、办公室等的门窗上尤为适宜。安装磨砂玻璃时，应注意毛面向室外。磨砂玻璃还可以用作黑板，厚度一般为3～6mm。

(5) 花纹玻璃

花纹玻璃按加工方法的不同可分为压花玻璃和喷花玻璃两种。

压花玻璃又称滚花玻璃。是在其硬化前经过刻有花纹的滚筒，在单面或双面压制各种花纹图案。由于花纹凹凸不平使光线漫射而失去透光性，减低透光度。压花玻璃使用时应将花纹向室外。一般厚度为2～6mm。

喷花玻璃又称胶花玻璃，是在平板玻璃表面上贴以花纹图案，抹以保护层，经喷砂处理而成。喷花玻璃的厚度一般为6mm，最大加工尺寸为2200mm×1000mm。

(6) 有色玻璃

有色玻璃又称颜色玻璃、彩色玻璃。分为透明和不透明两种。透明有色玻璃是在原料中加入一定的金属氧化物使玻璃带色。不透明有色玻璃是在一定形状的平板玻璃的一面喷以色釉，以烘烤而成，具有耐磨、抗冲刷、易清洗等特点，并可拼成各种花纹图案，产生独特的装饰效果。

1.3.2 安全玻璃

安全玻璃的主要功能是力学强度较大，抗冲击的能力较好，被击碎时，碎块不会飞溅伤人，并兼有防火的功用。安全玻璃视所用原片的品种不同，可同时具有一定的装饰效果。

(1) 品种

1) 钢化玻璃

钢化玻璃也称强化玻璃。它是将平板玻璃经一定方法处理后，使强度、抗冲击性、耐急冷急热性能大幅度提高的玻璃。

2) 夹丝玻璃

夹丝玻璃也称防碎玻璃和钢丝玻璃。它是将普通平板玻璃加热到红热软化状态，再将预热处理的钢丝网或钢丝压入玻璃中间而制成。表面可以是压花的或磨光的，颜色可以是透明的或有色的。较普通玻璃不仅增加了强度，而且由于钢丝网的骨架，在玻璃遭受冲击或温度剧变时，破而不缺，裂而不散，避免带棱角的小块飞出伤人。当火灾蔓延，夹丝玻璃受热炸裂时，仍能保持固定，起到隔绝火势蔓延的作用，故又称防火玻璃。夹丝玻璃的厚度常在3～19mm之间。

3) 夹层玻璃

夹层玻璃是在两片或多片各类平板玻璃之间粘夹了柔软而强韧的中间透明膜，经加热、加压、黏合而成的平面或弯曲的复合玻璃制品。它具有较高的强度，受到破坏时产生辐射状或同心圆形裂纹而不易穿透，碎片不易脱落。

夹层材料应用较多的是聚乙烯醇缩丁醛（PVB）高分子聚合物，还有聚氨酯和丙烯酸酯等。

(2) 玻璃的选用

1) 门玻璃和固定门玻璃的选用

(a) 有框玻璃应使用符合表2-16规定的安全玻璃；当玻璃面积不大于0.5m^{2}时，也可使用厚度不小于 6mm 的普通退火玻璃和夹丝玻璃。

（b）无框玻璃应使用符合表 2-17 的规定，且公称厚度不小于 10mm 的钢化玻璃。

安全玻璃最大许用面积　表 2-16

玻璃种类	公称厚度（mm）	最大许用面积（m²）
钢化玻璃、单片防火玻璃	4	2.0
	5	3.0
	6	4.0
	8	6.0
	10	8.0
	12	9.0
夹层玻璃	6.52	2.0
	6.38　6.76　7.52	3.0
	8.38　8.76　9.52	5.0
	10.38　10.76　11.52	7.0
	12.38　12.76　13.52	8.0

无框架的普通退火玻璃和夹丝玻璃的最大许用面积　表 2-17

玻璃种类	公称厚度（mm）	最大许用面积（m²）
普通退火玻璃	3	0.1
	4	0.3
	5	0.5
	6	0.9
	8	1.8
	10	2.7
	12	4.5
夹丝玻璃	6	0.9
	7	1.8
	10	2.4

2）室内隔断玻璃的选用

应采用安全玻璃。

3）人群集中的公共场所和运动场所中装配玻璃选用

（a）有框玻璃应使用符合表 2-16 的规定，且公称厚度不小于 5mm 的钢化玻璃或公称不小于 6.38mm 的夹层玻璃。

（b）无框玻璃应使用符合表 2-17 的规定，且公称厚度不小于 10mm 的钢化玻璃。

4）外窗玻璃

外窗高度超过 5m，应采用安全玻璃。

1.3.3　保温隔热玻璃

这类玻璃既能具有良好的装饰效果，同时具有特殊的保温绝热功能，除用于一般门窗之外，常作为幕墙玻璃。

（1）吸热玻璃

吸热玻璃是既能吸收大量红外线辐射，又能保持良好透光率的平板玻璃。吸热玻璃的颜色有各种各样。常用颜色有蓝色、灰色、茶色和青铜色。

吸热玻璃的特性有：吸收太阳光中的辐射热、可见光能，有良好的防眩作用；吸收太阳光中的紫外线能，减轻了紫外线对人体和室内物品的损害，特别是室内的塑料等有机物品，在紫外线作用下更易产生光氧老化而褪色、老化。

（2）热反射玻璃

对太阳辐射能具有较高反射能力而又保持良好透光性的平板玻璃称为热反射玻璃。由于高反射能力是通过在玻璃表面镀敷一层极薄的金属或金属氧化物膜来实现的，所以也称镀膜玻璃。它具有良好的遮光性和绝热性。薄膜的形成方法有金属离子迁移法、真空（镀膜式溅射）法、化学浸渍法等。

热反射玻璃由于它具有优良的绝热性能和装饰性能，故在建筑上采用较多，特别是作为高层建筑的幕墙。热反射玻璃在应用时注意以下几点：一是安装施工中严防划破、损伤膜层，电焊火花不得落到膜层上；二是防止玻璃因翘曲变形导致影象"畸变"；三是要注意消除玻璃反光令人头昏目眩造成的消极后果。

（3）光致变色玻璃

它是一种随光线增强而会改变颜色的玻璃。制造这种玻璃最好的基础玻璃是钠硼硅玻璃料，在基料中加入感光剂卤化剂（氯化银、溴化银等），也可直接在玻璃或夹层中加入钼或钨的感光化合物。

（4）中空玻璃

中空玻璃是由两层或两层以上平板玻璃构成，四周用高强气密性好的复合黏合剂将两片或多片玻璃与铝合金框或橡皮条或玻璃条黏合，密封玻璃之间留出的空间（间距一般为10～30mm）充入干燥气体（一般为空气），以获得优良的绝热性能。制造中空玻璃的原片玻璃除用平板玻璃之外，还可以用钢化、压花、夹丝、吸热和热反射等玻璃，以相应地提高强度、装饰性和保温绝热等功能。

中空玻璃的特性是保温绝热，减少噪声，一般可节能16.6%，噪声可从80dB降到30dB。中空玻璃窗还可避免冬季窗户结露，并能保持室内一定的湿度。

（5）泡沫玻璃

它是一种多孔玻璃，气孔率可达80%～95%。根据所采用配合料和生产工艺的不同，它的气孔可分为封闭的非连通孔、连通孔和部分连通孔三种，气孔直径一般为0.1～5mm。

1.3.4 空心玻璃砖

空心玻璃砖是采用箱式模具压制而成的两块凹形玻璃，熔接或胶结成整体的具有一个或两个空腔的玻璃制品。空腔中充以干燥空气或其他绝热材料，经退火，最后涂饰侧面而成。

玻璃砖具有强度高、隔热、隔声、耐水以及不透视等特点。尤其适用于高级建筑、体育馆等需控制透光、眩光和太阳光的场合。砌成后的墙体维修费比普通抹灰的黏土砖墙要便宜得多。玻璃空心砖砌体可用水冲洗，清洁工作极为方便。

1.3.5 镭射玻璃

镭射玻璃是国际上十分流行的新一代建筑装饰材料。它是以普通的平板玻璃为基材，在玻璃表面采用高温定性的结构材料，并经特殊工艺处理，从而构成全息光栅或其他图形的几何光栅，而且，在同一块玻璃上所形成的图案可达上百种之多。

镭射玻璃大体上可分为两种：一种是以普通平板玻璃为基材，主要用于墙面、窗户、顶棚等部位的装饰；另一种是以钢化玻璃为基材，主要用于地面装饰。

1.3.6 玻璃锦砖

玻璃锦砖又称玻璃马赛克或玻璃纸皮砖，是一种小规格的彩色饰面玻璃，具有表面光滑、色彩鲜艳，亮丽感好的特点，并有较高的化学稳定性和耐急冷、耐急热的性能，是一种较理想的外装饰材料。

1.4 腻子材料及选用

1.4.1 腻子的调配

腻子是涂料施工中不可缺少的材料，常由涂料生产厂配套生产供应，而且品种很多。使用时，应尽量选用现成的配套腻子，但在建筑施工中，也常常根据具体施工条件和对象，自行配制一些腻子。

（1）常用腻子的配方

几种常用腻子的配方见表 2-18 所示。

几种常用腻子的配方　　　　表 2-18

腻子名称	配比及调制（体积比）	适 用 对 象
石膏腻子	1. 石膏粉：熟桐油：松香水：水＝16：5：1：4～6，另加入熟桐油和松香水总重量的 1%～2% 的液体催干剂（室内用）。配制时，先将熟桐油、松香水、催干剂拌和均匀，再加入石膏粉，并加水调和。 2. 石膏粉：干性油：水＝8：5：4～6，并加少量煤油（室外和干燥条件下用）。 3. 石膏粉：白铅油：熟桐油：汽油（或松香水）＝3：2：1：0.7（或 0.6）	金属、木材及刷过油的墙面
水粉腻子	大白粉：水：动物胶：色粉＝14：18：1：1	木材表面刷清漆、润水粉
油胶腻子	大白粉：动物胶水（浓度 6%）：红土子：熟桐油：颜料＝55：26：10：6：3（重量比）	木材表面油漆
虫胶腻子	虫胶清漆：大白粉：颜料＝24：75：1（重量比），虫胶清漆浓度为 15%～20%	木器油漆
清漆腻子	1. 大白粉：水：硫酸钡：钙脂清漆：颜料＝51.2：2.5：5.8：23：17.5（重量比）。 2. 石膏：清油：厚漆：松香水＝50：15：25：10（重量比），并加适量的水。 3. 石膏：油性清漆：着色颜料：松香水：水＝75：6：4：14：1（重量比）	木材表面刷清漆
红丹石膏腻子	酚醛清漆（F01-2）：石膏粉：红丹防锈漆（F53-2）：红丹粉（Pb_3O_4）：200 号溶剂汽油：灰油性腻子：水＝1：2：0.2：1.3：0.2：5：0.3	黑色金属面填刮
喷漆腻子	石膏粉：白铅油：熟桐油：松香水＝3：1.5：1：0.6，加适量水和催干剂（为白铅油和熟桐油总重量的 1%～2.5%），配制方法与石膏腻子相同	物面喷漆
聚醋酸乙烯乳液腻子	用聚醋酸乙烯乳液加填充料（滑石粉或大白粉）拌合，配比为聚醋酸乙烯乳液：填充料＝1：4～5。加入适量的六偏磷酸钠和羧甲基纤维素，可防止龟裂	抹灰墙面刷乳胶漆
大白浆腻子	大白粉：滑石粉：纤维素水溶液（浓度 5%）：乳液＝60：40：75：2～4	混凝土墙面喷浆
浆活修补石膏腻子	石膏：乳液：浓度 5% 的纤维素水溶液＝100：5～6：60	混凝土墙面浆活修补
内墙涂料腻子	大白粉：滑石粉：内墙涂料＝2：2：10	内墙涂料
水泥腻子	水泥：108 胶＝100：15～20，加适量水；水泥：聚醋酸乙烯乳液＝100：15，加适量水	外墙或水泥地面涂料

（2）调配腻子的材料选用

腻子的成分可分为填料、固结料、黏着料和水。腻子中的填料能使腻子具有一定的稠度和填平性。一般化学性质稳定的粉质材料，都可作填料。几种填料在应用上的区别是：

大白粉腻而松，易糊砂布，油分大了打磨不动，油分小了松散无力。滑石粉硬而滑，粗磨容易细磨难，细磨易磨光不易磨平。经烘烤的滑石粉性能强于其他填料。石膏硬而脆，适合填充厚层，极薄层的腻子打磨不平，总有毛茬，不适于涂膜表面。碳酸钙多用作填料。

能把粉质材料结合在一起，并且能干燥固结变坚硬的材料，都可作固结料。水性腻子的固结料能被水溶解，如蛋清、面料、动植物胶类，此类腻子不耐水、易着色，可用于木器家具填平或着色。而油性腻子的固结料为油漆或油基涂料，其坚韧性好，耐水。

腻子中的黏着料能使腻子有韧性和附着力。凡能增加韧性并能使腻子牢固地黏着在物面上的材料，都可作黏着料。如桐油、油漆、干性油、二甲苯等，调配腻子所用油漆，不一定用好料，一般无硬渣就可，如桶底子、混色的油漆，经过滤后都可作黏着料使用。

调配腻子所用的各类材料，各具特性，要适当选用，注意调配方法。尤其是油与水之间的关系，两者不能相互溶解，处理不好，就会产生多孔、起泡、难刮、难磨等现象，应予注意。

1.4.2 调配腻子的方法

（1）配一般腻子

在调配腻子时，首先把水加到填料中，占据填料的孔隙，减少填料的吸油量，并利于打磨。加水量以把填料润透八成为好。太多，若吸至饱和状态，再加油，则油水分离，腻子不能联成一体失掉黏着力而无法使用。为避免油水分离，最后再加一点填料以吸尽多余的水分。

（2）配石膏腻子

配石膏腻子时，应油、水交替加入。这是因为石膏一遇水，不久就变硬，而光加油，会吸进很多油，且干后不易打磨。交替加入，油水产生乳化反应，所以刮涂后总有细密的小气孔。这是石膏腻子的特征。

（3）配油性腻子

将填料、固结料、黏着料压合均匀，装桶后用湿布盖好，避免干结。如是油性腻子，在基本压合均匀后，逐步加入200号溶剂汽油或200号溶剂汽油与松节油的混合物。不要单独使用松节油。压合成比施工适用稠度稍稀些，装桶加水浸泡，以防干结。由于200号溶剂汽油能稀释油，油经200号溶剂汽油长期释解会降低黏着性，所以使用200号溶剂汽油调稀后的腻子放过几日，会出现调得越稀越发脆的现象。为此，油性腻子使用前要尽量少兑稀料，用时再调稀较好。

市售的腻子，是经过研究，用多种材料轧制而成的，在一般使用范围内，质量比自调的简易腻子稳定，在没有把握的情况下不宜随意改动。

课题2 饰面涂裱施工的常用工具、机具及使用保管

2.1 涂料施工的常用工具、机具

2.1.1 基层处理用的工具、机具

包括手工工具和小型机具，见图2-3与图2-4所示。它们主要用于打磨刮铲、刷扫清除基层面上的锈斑、污垢、附着物及尘土等杂物。

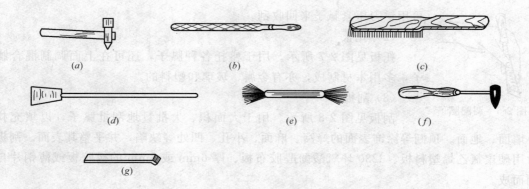

图 2-3 手工基层处理工具
(a) 尖头锤；(b) 圆纹锉；(c) 钢丝刷；(d) 刮铲；(e) 钢丝束；(f) 尖头锤；(g) 弯头刮刀

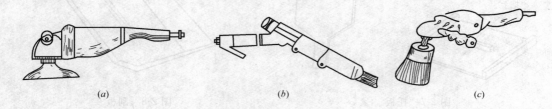

图 2-4 基层处理小型机具
(a) 圆盘打磨机；(b) 钢针除锈钢；(c) 旋转钢丝刷

（1）铲刀

又名油灰刀或嵌刀、腻刀。对铲刀的质量要求是弹性好，能弯不折，弯至55°角时，仍能恢复原态。刃薄而利。根据刀刃宽度一般使用的规格有：25、38、50、68、100、150mm等多种。

铲刀主要用于清除灰土和调配腻子，根据用途的不同，在使用手法上有不同的要求。

1）清理灰土

使用前将铲刀磨快，两角磨齐，这样才能把木材面上的灰土清理干净而不伤木质。清理时，手应拿在铲刀的刀片上，大拇指在一面，四个手指压紧另一面，见图 2-5 所示。

2）清理墙面、金属面

清理墙面上的水泥砂浆块或金属面上较硬的疙瘩时，要满把握紧刀把儿，大拇指紧压刀把顶端，铲刀的刃口要剪成斜口（不超过20°），用力戗刮。

铲刀用后，应及时清擦干净刀片、刃口，并注意防锈。若已生锈或腻子已干固在刀上，则可用砂纸打磨干净。

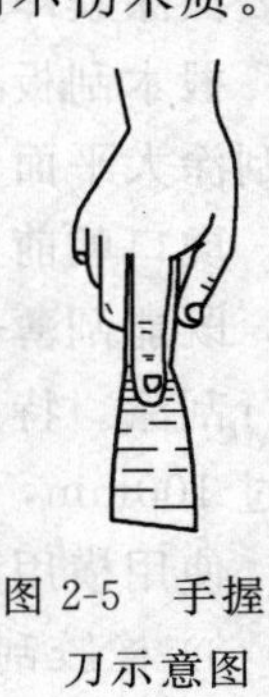

图 2-5 手握铲刀示意图

3）调配腻子

调配腻子时，应四指握把儿，食指紧压刀片，见图 2-6 所示。正反两面交替调拌。刀不要磨得太快，太快可能将腻子板的木质刮起混入腻子内，造成腻子不洁。嵌补腻子时，刀片要薄，有弹性，刀口平整薄直，无任何缺口。嵌补孔眼缝隙时，先用刀头嵌满填实，

图 2-6 调配腻子

再用铲刀压紧腻子来回收刮。

(2) 托板

托板见图 2-7 所示。用于盛托各种腻子，还可在上面调制混合腻子，多用木材制成，亦有金属、玻璃和塑料的。

(3) 刮板

刮板见图 2-8 所示。用于大面积、大批量地刮批腻子，以填充找补墙面、地面、顶棚等涂饰表面的蜂窝、麻面、小孔、凹处等缺陷，并平整其表面。刮板常用硬聚氯乙烯塑料板、3230 环氧酸酚醛胶布板、厚 6mm 或 8mm 的橡胶板或薄钢片自制而成。

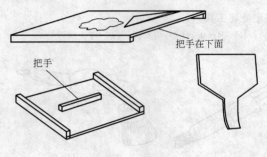

图 2-7 托板

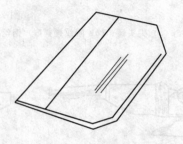

图 2-8 刮板

1) 钢刮板

钢刮板分硬板和软板两种。硬刮板为矩形，能压碎和刮掉前层腻子的干渣并耐用，主要用于刮涂头几遍腻子。软刮板用 0.5mm 薄钢板制成，形状与用椴木刮板相同，能把多余的腻子刮下来，而且刮得干净，不倒刃，主要用于刮平面最后一遍光腻子。

2) 木刮板

椴木刮板用来刮涂较大的平面和圆棱。椴木刮板经过泡制后，其性能与牛角刮板相似，稍有弹性，韧性大，能把硬腻子渣刮碎，长久使用不倒刃，表面光滑而发涩，能带住腻子。制作方法是先把椴木刨成刮板，再在油性油漆中浸泡 1 个月，取出晾干，经打磨磨去表面涂膜即成。

椴木刮板有顺用和横用两种，顺用刮板有 10～150mm 多种刃宽规格，其中大刮板用于刮涂大平面，中刮板用于刮涂凹凸不平的头两遍腻子，小刮板用于找补腻子。顺用刮板，虎口朝前大把握着使用。因为它刃平而光，又能带住腻子，所以用它刮平面是最合适的，既能刮薄也能刮厚。横用刮板，用两手拿着使用，先用铲刀将腻子挑到物件上，然后进行刮涂。特点适于刮大平面和圆棱、圆柱。横用刮板刃宽规格为 150～500mm，其高不超过 100mm，见图 2-9 所示。

使用横用刮板，需用较大的托板和铲刀配合，同时也需用其他刮板作辅助工具。

3) 橡胶刮板

简称为胶皮或胶皮刮板，用 5～8mm 厚的胶板制成。拇指在前，其余四指托于其后使用。厚胶皮刮板，既适于刮平又适于收边（刮涂物件的边角称为收边）；薄胶皮刮板适于刮圆，刮水性腻子和不平物件的头遍腻子，用它刮平面也可以，但不如木刮板刮得平、净、光。橡胶刮板的式样很多，见图 2-10 所示。

  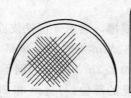 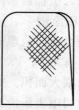 

图 2-9　木刮板　　　　　　　　　图 2-10　橡胶刮板

4) 硬质塑料板刮板

因为弹性较差，腰薄，不能刮涂稠腻子，带腻子的效果也不太好，所以只能用于刮涂稠度低的腻子。

5) 牛角刮板

用牛角制成，其形状与顺用椴木刮板相同，光滑而发涩，能带住腻子，适于找补腻子和刮涂钉眼等。

(4) 打磨木板

刮涂的腻子干燥后，仍然存在波浪纹和不光现象，需用砂纸打磨，以便磨去高于底面的腻子。为使打磨腻子磨高不磨低，要用平板卡平。平板就是打磨木板。把打磨木板垫上砂布在腻子上摩擦，就能把腻子磨平。打磨木板的规格，可根据砂布的大小而定，见图 2-11 所示。打磨旮旯处腻子，要使用窄打磨木板，既省力又防止磨手。

(5) 涂料容器

1) 小提桶

用铁皮、镀锌铁皮或塑料制成。规格：桶口直径有 125～200mm 等多种。用途：主要用于盛放油漆、溶剂等。

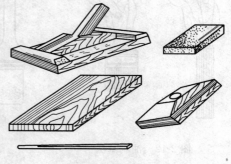

图 2-11　打磨木板

2) 提桶

用木材或塑料制成。规格：木提桶直径一般为 220～250mm；塑料提桶直径为 280～300mm。用途：主要用于盛放涂料、水等材料，或用于调配腻子。

3) 涂料盆

用马口铁皮（镀锌铁皮）或塑料制作而成。规格：涂料盆直径一般在 400～600mm；盆高在 200～250mm。用途：主要是盛放涂料用于滚涂和喷涂施工操作。

(6) 梯子

使用的梯子要求轻便牢固，主要用于建筑物较高的部位如顶棚、墙面、窗等，提高施工效率。有几种形式：单梯、分节一字云梯、合梯、折叠式脚手架、跳板等。

2.1.2　涂料施涂用的工具、机具

刷涂是涂料涂刷最早、最简单的施工方法，适用于建筑物内外墙面及平顶，地面等处涂刷工程，它是使用漆刷或排笔用手工将涂料均匀地涂刷在建筑物表面，称之为刷涂法。

所用的工具主要是刷子。刷子按其所使用的材料，可分为硬毛刷和软毛刷。硬毛刷主要用猪鬃制作,也称扁鬃刷、油漆刷。软毛刷常用狼毫、獾毛、羊毛等制作。

(1) 用油刷涂刷

猪鬃刷是由猪鬃梳理成排,然后外包铁皮固定,再安上木柄把手。其规格主要是根据刷毛的宽度,有1/2、1、3、4in等多种。规格小的用于涂刷小件或不易涂刷的部位,大规格的用于涂刷大面积。如1/2in和1in的刷子较适宜小面涂刷,特别是大刷子伸不过去或伸过去影响周围表面情况的部位。1½in和2in的刷子多用于涂刷钢木门窗,不但使用方便,对大面积涂刷工效也高。3in以上的刷主要用于大面积的抹灰面涂刷。

握刷的要领:手握油刷,要握得轻松自然,呆板与生硬都不利于灵活、方便的上下、左右移动;使用油刷时,用三个手指握住刷木柄,见图2-12所示,手指轻轻用力,用力的大小根据所选用的刷子规格与涂刷的幅宽大小有关,总的原则是以移动时不松动、不脱刷为好。

漆刷的选择,把握油刷本身的质量也很重要。选择油刷,一般以鬃厚、口齐、根硬、头软为上品。油刷的外形有扁、圆和斜脖形状,见图2-13所示。用得较多的是扁鬃刷,其他可视不同形状的物体,选择适当的油漆刷。

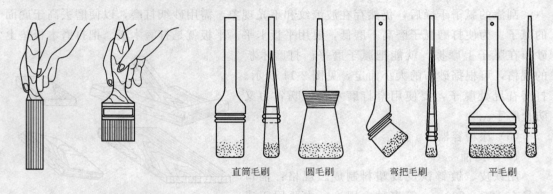

直筒毛刷　　圆毛刷　　弯把毛刷　　平毛刷

图2-12　油刷拿法　　　　　　　　　图2-13　油刷的外形

猪鬃刷的刷毛弹性好,比较适合涂刷黏度较大的油漆,比如调和漆、厚漆、清油、醇酸漆、酚醛漆等。

刷子用完后,如果第二天接着用,可以将鬃毛部分浸在水里,最好垂直地挂在水里,不让鬃毛部分露出水面。第二天使用时,将水甩干净即可。

如果是新买的油刷掉毛,应该在外包的铁皮部位钉上几个小钉。油刷用的时间较长,鬃毛已经变短,还可以修理,把鬃毛的两边用刀削薄一些,可以再用。

(2) 用排刷涂刷

排刷亦称排笔,是用羊毛和细竹管做成。有每排4~20管等多种规格。管数越多,宽度越大,一次涂刷的面积也就越大。但刷子大,操作较笨,劳动强度大,所以,还是应以操作方便,宽度适宜为好。涂刷不同品种油漆,往往对其规格有所选择。如漆片或丙烯酸清漆,多用4~8管排笔,而墙面涂刷多用8管以上的排笔。

排笔毛较软,比较适合涂刷黏度较低的油漆如聚氨酯、虫胶漆、硝基漆等。适合于这种方法涂刷的涂层为平滑的薄涂层、基层打底涂层、罩面涂层等。

排笔握法同油刷不同,排笔握法一般用手指握住排笔的右角,使大拇指压住排笔,背后用四个手指靠紧见图2-14所示。排笔移动时要灵活，有时用正面，有时要用反面，这种使劲的要领一般用手腕控制。

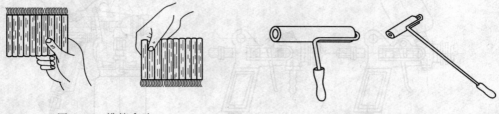

图2-14 排笔拿法　　　　　　　　　　　　　图2-15 毛辊

用排笔涂刷水溶性涂料时，使用完毕，排笔要用清水清洗干净。如排笔涂刷挥发性油漆，则一定要用溶剂清洗干净。然后将排笔平放保存，不宜将排笔竖向直立的让笔毛受力。为了节约溶剂，在使用挥发性漆时，也可将笔毛中所含的漆液挤出，然后将笔毛理顺，并使笔毛尖部保持挺直，待下次使用时，再用溶剂浸泡后便可使用。

（3）滚涂法

用毛辊蘸涂料涂刷建筑物表面的方法，称之为滚涂法。滚涂由于毛辊面积较刷和排笔大，一次蘸涂料量也大，一次滚涂的面积相应也大，所以，涂刷工效快，较适合大面积的墙面涂刷。

毛辊有人造毛辊和兔毛辊，目前用的较多的是人造毛辊，见图2-15所示。

使用毛辊时，用手握住木柄，在涂刷表面作上下滚动，也可以横向滚动，但最后应竖向滚涂为好。在内外墙滚涂时，为了增加操作的幅度，可以再在毛辊木柄上绑上一根长的竹竿或木棍，这样在一定的高度内，可以不用搭架子或站凳子就可以涂刷到，施工很方便。

用毛辊滚涂时，需要配套的辅助工具是涂料底盘和辊网，见图2-16所示。

图2-16 涂料底盘和辊网

用于室内墙面滚涂，有时与刷涂配合使用，先用毛辊滚涂一遍，然后用排笔再竖向理顺，效果较好。对于有些小的部位如管子背面或阴角，由于毛辊体积大，涂不到的部位要用刷子补刷。要想获得油漆小拉毛的装饰效果，用毛辊滚涂比较合适。毛辊较适合用内外乳胶漆，清漆或黏度较大的油性漆则不能保证表面的光滑平整。

滚涂完毕，应用溶剂清洗工具，干净的毛辊最好悬挂保存，不用时使绒毛处于干燥状态。

（4）喷涂法

喷涂是机械涂刷的一种方法，空气喷涂由于设备简单，操作容易，所以在大面积的内外墙面应用较多。喷涂工效快，劳动强度降低，所成的漆膜细致均匀，涂刷质量有保证。但对操作人员有害，同时也会造成部分涂料浪费。

喷枪的种类较多，一般常用的是自流式、压入式和吸入式三种，见图2-17所示。手

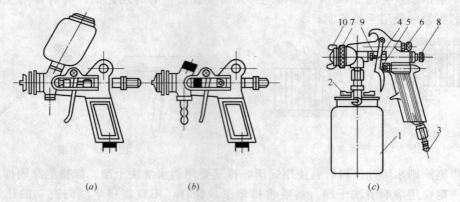

图 2-17 喷枪结构示意图
(a) 自流式；(b) 压入式；(c) 吸入式
1—漆罐；2—轧兰螺钉；3—空气接头；4—扳机；5—空气阀杆；6—控制阀；
7—喷头；8—螺栓；9—针塞；10—空气喷嘴旋钮

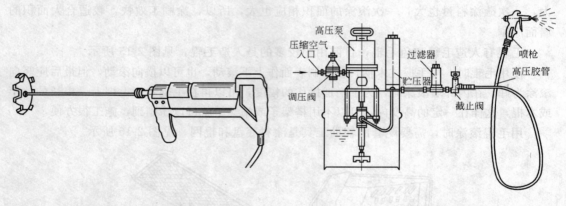

图 2-18 手提式涂料搅拌器　　　　图 2-19 高压无空气喷涂机

提式涂料搅拌器见图 2-18 所示。高压无空气喷涂机见图 2-19 所示。

喷枪的使用：以手扣压扳机，压缩空气的通道首先开放，继而漆嘴的通道开放，压缩空气由管道通向喷头，将出漆嘴吸出（或流出）的涂料吹散，并喷至涂饰表面。放松扳机，出漆嘴的小孔被顶针紧密地封闭，压缩空气通道也被堵住，喷涂停止。涂料的喷出量，一般可由顶针的伸出量来控制。顶针的伸出量可用限动螺钉来调整。要想显著地改变涂料喷出量，则要更换不同口径的喷嘴。

喷枪的保管：喷涂工作完毕后，必须将喷枪清洗干净，不允许在喷枪内残留涂料。清洗喷枪时，可在漆罐内装入稀释剂，然后用手指堵住漆嘴，再扣动扳机，借助稀释剂的强烈冲刷，将枪内残余涂料清洗干净。除每次施工完毕进行清洗外，还应定期全面地拆洗。拆装时，应用专用工具仔细操作，不得损坏各种零件，如顶针、密封垫等，否则会影响喷枪的性能。清洗时，将拆下的喷枪零件浸泡在溶剂中，逐个用毛刷清洗干净。清洗过的零件应用清洁柔软的棉布揩擦干净，然后安装好。出气嘴小孔或出漆小孔堵住后，应用溶剂小心擦洗，不得用钢丝去捅，否则会把小孔捅坏，影响正常使用。

2.2 裱糊施工的常用工具、机具

2.2.1 基层处理用的工具、机具

同涂料施工工具一样。

2.2.2 裱糊施工用的工具、机具

(1) 活动裁纸刀

刀片可伸缩，多节，用钝后可截去，使用安全方便，见图 2-20 所示。

(2) 刮板

用于刮或压平壁纸，可用薄钢片自制，要求表面光洁，富有弹性，厚度以 1~1.5mm 为宜，见图 2-21 所示。

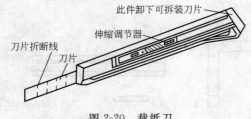
图 2-20 裁纸刀

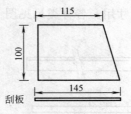
图 2-21 刮板（单位：mm）

(3) 不锈钢或铝合金直尺

用于量尺寸和切割壁纸时的压尺，尺的两侧均有刻度，长 800mm，宽 40mm，厚 3~10mm。

(4) 压边器、滚筒

压边器和金属滚筒用于壁纸拼缝处的压边，橡胶滚筒用于赶压壁纸内的气泡，见图 2-22 所示。

图 2-22 滚筒、压边器

(5) 注射用的针管

如壁纸出现气泡，可用注射针管将气抽出，再注射胶液贴平贴实。

2.3 玻璃裁装的常用工具、机具

2.3.1 剪裁玻璃用的工具、机具

(1) 工作台

一般用木料制成，台面大小根据需要而定，有 1m×1.5m、1.2m×1.5m、1.5m×2m 几种，为了保证台面平整，台面板厚度不能薄于 5cm。裁划大块玻璃时要垫软的绒布，其厚度要求在 3mm 以上。

(2) 玻璃刀

又称金刚钻刀具、滚动刀具，用于平板玻璃的切断。一般分为划厚度 2~3mm 和 4~6mm 玻璃等不同规格，见图 2-23 所示。

(3) 木尺、木折尺、刻度尺

木尺：用木料制成，有直线型木尺和"T"形木尺，切断平板玻璃时使用。直尺按其大小及用途分为：5mm×40mm，专为裁划 4~6mm 的厚玻璃用；12mm×12mm，专为裁

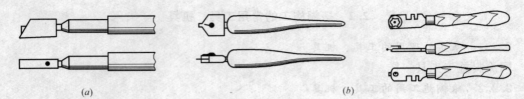

图 2-23 玻璃刀
(a) 金刚石割刀；(b) 轮式割刀

划 2～3mm 厚玻璃用；5mm×30mm（长度 1m 以内），专为裁划玻璃条用。

木折尺：用来量取距离，一般使用 1m 长的木折尺。

刻度尺：包括（折尺、卷尺、直尺、角尺、尺量规），施工中为了划分尺寸和切断玻璃时确定尺寸用。各种类尺见图 2-24 所示。

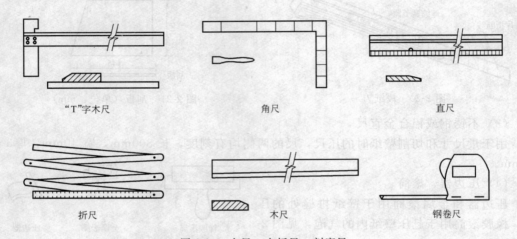

图 2-24 木尺、木折尺、刻度尺

(4) 钢丝钳

扳脱玻璃边口狭条用，见图 2-25 所示。

(5) 毛笔

裁划 5mm 以上厚的玻璃时抹煤油用。

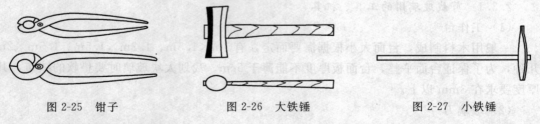

图 2-25 钳子　　　图 2-26 大铁锤　　　图 2-27 小铁锤

(6) 木把铁锤

开玻璃箱用大铁锤，见图 2-26 所示。用于厚板切断时扩展"竖缝"用小铁锤，见图 2-27 所示。

(7) 圆规刀

裁割圆形玻璃用，见图 2-28 所示。

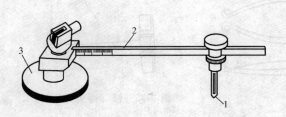 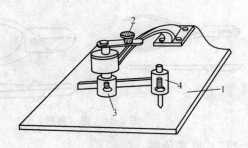

图 2-28　玻璃圆规刀　　　　　　　图 2-29　手动玻璃钻孔机
1—金刚钻头；2—尺杆；3—底吸盘　　1—台板面；2—摇手柄；3—金刚石空
　　　　　　　　　　　　　　　　　　心钻固定处；4—长臂圆划刀

(8) 手动玻璃钻孔机

用于玻璃板钻孔，见图 2-29 所示。

(9) 电动玻璃开槽机

用于玻璃开槽，见图 2-30 所示。

2.3.2　装配玻璃用的工具、机具

(1) 铲刀（腻子刀、油灰刀）

即油灰铲，清理灰土，钢与木门窗填塞油灰用，见图 2-31 所示。

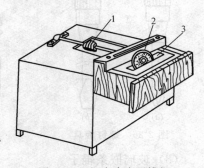

(2) 挑腻刀

带油灰的玻璃修补时铲除油灰用，见图 2-32 所示。

图 2-30　电动玻璃开槽机
1—皮带；2—生铁轮子；3—金刚砂槽

(3) 刨刀或油灰锤

安装玻璃时敲钉子和抹油灰用，见图 2-33 所示。

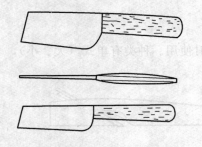 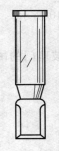 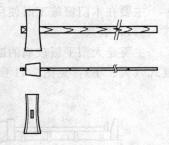

图 2-31　铲刀　　　　　图 2-32　挑腻刀　　　　　图 2-33　油灰锤

(4) 钳（剪钳）

卷边、沟槽、衬垫的卡条等切断时使用，见图 2-34 所示。

(5) 装修施工锤

有合成橡胶、塑料、木制的。铝合金门窗部件等的安装和分解时使用，见图 2-35 所示。

(6) 螺钉旋具（俗称螺丝刀、起子）

手动式和电动式两种。固定螺钉的拧紧和卸下时使用，特别是铝合金门窗的装配，采用电动式为好，见图 2-36 所示。

57

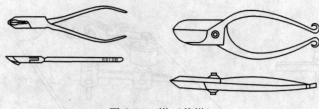
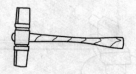

图 2-34 钳（剪钳）　　　　　　　图 2-35 锤（锤头为塑料）

(7) 嵌锁条器

插入衬垫的卡条时使用，见图 2-37 所示。

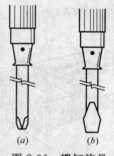
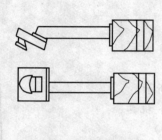
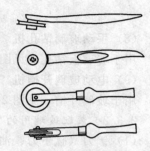

图 2-36 螺钉旋具　　　图 2-37 嵌锁器　　　图 2-38 玻璃嵌条辊子

(8) 玻璃嵌条辊子

插入带状衬垫（抛光卷进）等使用，见图 2-38 所示。

(9) 密封枪（嵌封枪）

有把包装筒放进去的和把嵌缝材料装进枪里用的，见图 2-39 所示。

(10) 刨子

主要在木门窗施工时使用，见图 2-40 所示。

(11) 吸盘

主要是大型平板玻璃的镶嵌和强化玻璃门的吊入作业时使用。种类有单式（大、小），复式（大、小），见图 2-41 所示。

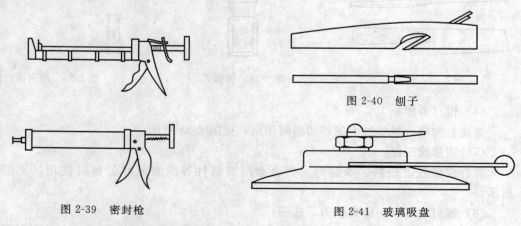

图 2-39 密封枪　　　　　　　　　图 2-40 刨子

　　　　　　　　　　　　　　　　图 2-41 玻璃吸盘

(12) 玻璃施工机械

随着平板玻璃的大型化，开发了安装在叉车、起重机、提升机上联动使用的吸盘，见

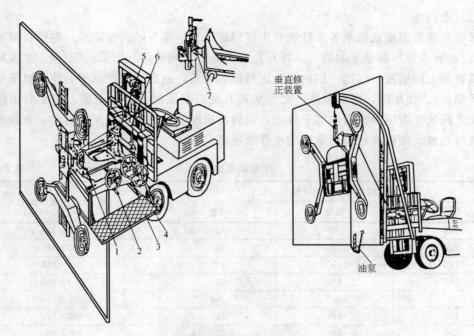

图 2-42 玻璃施工机械

1—板玻璃旋转手柄；2—水平移动手柄；3—水平摆动手柄；4—前后移动手柄；
5—上下移动手柄；6—俯仰手柄；7—水平摆动止动销

图 2-42 所示。

2.4 打磨用工具、机具

2.4.1 打磨砂纸

（1）木砂纸

木砂纸也叫砂纸或木砂皮，是由骨胶或皮胶等水性粘结料，将研磨成一定规格粗细的砂粒粘在木浆纸上而成。这种纸质强韧、耐折、耐磨，但不耐水。故在使用或保存时要注意防潮并注意避免与水接触。木砂纸的特点是价格便宜，去除木毛、木刺效果好。主要用于打磨木家具表面上的刨痕、飞棱、木毛等。木砂纸的规格见表 2-19 所示，其代号数越大，则粒度越细。

木砂纸规格表　　　　表 2-19

代号与粒度数对照			规格（长×宽）(mm)
代号	粒度	号数	
0	150	160	285×190
0	120	140	290×210
1	80	100	285×230
1½	60	80	300×228
2	46	60	280×208
2½	36	46	280×203
3	30	36	280×235
3⅓	20	24	280×230

（2）水砂纸

水砂纸是由醇酸或氨基等水砂纸专用漆料将磨料（刚玉砂、金刚砂）粘结在浸过熟油（桐油、亚麻油等）的纸上制成。其特点是所用磨料无锐棱角（秃形）、耐水。主要用于磨平漆膜表面上的橘皮、气泡、刷痕及沾污的颗粒杂质，或磨平油性腻子、漆基腻子等（水性腻子除外）。使用时，需蘸温水、肥皂水或其他溶剂湿润。不宜干磨，因干磨很快就能将砂粒之间的空隙填满而失去磨平效能，同时易折断，造成损料误工。另外，水砂纸的型号是其号数越大则粒度越细，常用的水砂纸规格见表2-20所示。

水砂纸规格表　　　　　　　　　　表2-20

代号与粒度数对照			规格（长×宽）(mm)
代号	粒度	号数	
180	100	120	280×230
220	120	150	280×230
240	150	180	280×230
280	180	220	280×230
320	220	240	280×230
400	240	260	280×230
500	280	320	280×230
600	320	340	280×230
700	340	360	280×230
850	380	400	280×230

（3）铁砂布

铁砂布是由骨胶等粘结料将金刚砂、刚玉砂等磨料粘结在布上制成。它的特点是质地坚韧耐磨、耐折、耐用，但不耐水，价格贵。多用于打磨钢家具或其他金属材质的物件或器具表面的锈层，或用于磨平钢、木家具的底漆、头道腻子等。铁砂布的号数越大，其单位面积内的粒数越少，则粒度越粗。铁砂布的规格见表2-21所示。

铁砂布规格表　　　　　　　　　　表2-21

代号与粒度数对照			规格（长×宽）(mm)
代号	粒度	号数	
0000	200	200	290×290
000	180	180	290×290
00	150	150	290×290
0	120	120	280×230
1	100	100	280×230
1½	80	80	280×230
2	70	70	280×230
2½	60	60	290×210
3	46	46	290×210
3⅓	36	36	290×210
4	30	30	290×210
5	24	24	290×210

2.4.2 打磨机具

(1) 环形往复打磨机

用电或压缩空气带动，由一个矩形柔韧的平底座组成。在底座上可安装各种砂纸，见图2-43所示。打磨时底表面以一定的距离往复循环运动。来回推动的速度越快，其加工的表面就越光。环形打磨机的质量较轻，长时间使用不致使人感到疲倦。

用于木材、金属、涂漆的表面进行处理和磨光。

对电动型的，在做湿作业或有水时应注意安全；气动型的比较安全。

(2) 皮带打磨机

机体上装一整卷的带状砂纸，砂纸保持着平面打磨运动，它的效率比环形打磨机高，见图2-44所示。

图2-43 环形往复打磨机　　　　图2-44 皮带打磨机

用于打磨大面积的木材表面，打磨金属表面的一般锈蚀。

(3) 圆盘打磨器

用电动机或空气压缩机带动柔性橡胶（或合成材料）制成的打磨头，在打磨头上可安装固定各种型号的砂纸。主要用于木材、漆膜表面或其他物面的打磨，见图2-4（a）所示。

课题3　技能训练

可根据本地区的实际情况和建筑装饰工程施工的特点，在以下项目中选择进行技能实训考核。

3.1 涂料施工的常用材料及选用与常用工具、机具

3.1.1 涂料施工的常用材料及选用

(1) 能正确识别涂料施工的常用材料。

(2) 掌握常用涂料材料性质，合理地选用和使用。

3.1.2 涂料基层处理工具、机具

(1) 掌握涂料施工基层处理工具与机具的使用和维护方法。

(2) 正确使用涂料施工工具与机具对不同的物面基层或基体进行处理。

3.1.3 涂料涂饰工具、机具

(1) 掌握涂料工具和机具使用和维护方法。

(2) 正确使用各种涂料工具与机具。

3.2 裱糊施工的常用材料及选用与常用工具

3.2.1 裱糊施工的常用材料及选用
(1) 能正确识别裱糊施工的常用材料。
(2) 掌握常用裱糊材料性质,合理地选用和使用。

3.2.2 裱糊基层处理用工具
(1) 掌握裱糊基层处理工具与机具的使用和维护方法。
(2) 正确使用裱糊施工工具和机具对不同的物面基层或基体进行处理。

3.2.3 裱糊施工常用的工具
(1) 掌握裱糊工具的使用和维护方法。
(2) 正确使用各种裱糊工具。

3.3 常用门窗玻璃材料及选用与裁装玻璃常用工具、机具

3.3.1 常用门窗玻璃材料及选用
(1) 能正确识别常用门窗玻璃材料。
(2) 掌握常用门窗玻璃材料性质,合理地选用和使用。

3.3.2 裁划玻璃的常用工具、机具
(1) 掌握裁划门窗玻璃工具与机具的使用和维护方法。
(2) 正确使用裁划门窗玻璃工具与机具对不同的玻璃进行处理。

3.3.3 装配门窗玻璃的常用工具、机具
(1) 掌握装配门窗玻璃工具与机具的使用和维护方法。
(2) 正确使用各种门窗玻璃工具与机具进行装配。

3.4 常用打磨工具、机具

(1) 掌握各打磨工具、机具的性质及用途。
(2) 正确使用各打磨工具、机具对不同的基层打磨。

思考题与习题

1. 墙涂料应具有什么特点?常见的品种有哪些?
2. 什么是乳胶涂料(乳胶漆)?有哪些优点?
3. 地面涂料应具有什么特点?
4. 门窗及细部涂料应具有什么特点?常见的品种有哪些?
5. 壁纸与墙布如何分类,有什么作用?
6. 塑料壁纸有哪些主要品种?主要性能特点有哪些?
7. 简述平板玻璃的性能、分类和用途。
8. 普通平板玻璃标准箱、重量箱如何计(折)算?
9. 安全玻璃主要用于哪个部位?主要有哪些品种?各自的特点是什么?
10. 热反射玻璃与吸热玻璃有什么区别?

11. 涂裱施工的基层处理用的工具分哪几类？主要作用是什么？
12. 用油灰刀如何调配腻子？
13. 刮板按材质分几种？各起什么作用？
14. 漆刷如何选择？按外形分几种？
15. 如何选择和保管排笔？
16. 滚筒的保管有哪些要求？
17. 喷枪使用后如何清理？
18. 玻璃刀（又称金刚钻）分哪两种式样？
19. 裁装玻璃所用的尺的种类有哪些？分别有什么用途？
20. 常用腻子有哪些种类？分别适用什么基层？
21. 调配腻子有几种方法？
22. 打磨砂纸有几种？各适用于什么基层？
23. 打磨机具有几种？各有什么特点？

单元 3　涂料涂饰施工

知　识　点：施工准备；专用施工工具；施工工艺与方法；操作要点；成品保护；安全技术；施工质量验收标准与检验方法。

教学目标：通过课程教学和技能实训，选择较典型内墙（顶棚）涂料涂饰的实例，在实训老师与技工师傅的指导下，进行实际操作。结合装饰工程涂料施工的相关岗位要求，强化学生认知内墙（顶棚）涂料涂饰的常用材料。通过组织内墙（顶棚）涂饰的施工作业，使学生熟悉并掌握涂料施工工艺与方法和操作要点，正确使用施工工具和机具及维修保养，能用质量验收标准与检验方法组织检验批的质量验收，能组织实施成品与半成品保护和安全技术措施。

课题 1　内墙（顶棚）涂饰施工准备

1.1　基　层　处　理

1.1.1　基层要求

基层一般要求见表 3-1 所示。

基层一般要求　　　　　　　　　　　表 3-1

项　　目	一　般　要　求
裂痕、破损、空鼓	做好防水处理及修补，不影响装饰涂料的涂刷工程
表面不平、接缝错位	根据装饰涂料的种类、厚度及涂饰要求允许的范围，做好基层处理
表面粘附杂物	基层表面应清理干净，没有尘埃、油脂、锈迹及溢出的水泥砂浆、混凝土等粘附物
基层强度	为了具备足够的附着性能，基层应有一定的强度及刚性
基层干燥程度及碱性	根据装饰涂料的种类、要求，控制适当的基层含水率及碱度，一般情况下含水率小于 10%，pH 值小于 10
安装铁件的防锈	木螺钉、钉子等应进行镀锌等防锈处理

1.1.2　基层处理

面层涂饰装饰涂料的建筑物体，如混凝土、水泥砂浆、加气混凝土板材、石膏板等均称基层。基层及基层处理在装修涂饰工程中是非常重要的一个环节，基层的干燥程度、油迹及粘附杂物的清除、孔洞填补等情况的处理好坏均会对施工质量带来很大影响。下面就各种装饰涂料涉及到的几种基层及其特征作一叙述。

（1）现浇混凝土基层

1）表面平整度

一般现场浇筑的混凝土，由于浇灌时使用的模板材料不同给表面带来相当的差异，再加上模板本身的拼接安装产生的错位，在脱模后的混凝土表面会有不平整及模板接合部错位造成的突出等缺陷。一般要求错位在3mm以下，表面精度以5mm为限。若超过此范围则需进行打磨使之平滑。打磨精度按不同涂料的要求而不一样。

2）混凝土的碱性

混凝土浇筑后，它的pH值可高达12.5左右，随着水分的蒸发其碱性将从表面逐渐降低，但其降低速度一般是很缓慢的。基层中的碱性成分溶解在水中一起蒸发出来，这对表面的涂料会带来影响，因此在现浇混凝土表面进行涂料施工前需考虑基层的施工龄期，一般在pH值小于8后才能施工。

3）混凝土的含水率

装饰涂料涂饰的基层，必须做到尽可能的干燥，这对涂层质量有利。但一般浇筑后混凝土的含水率在15%左右，随着材料龄期的增长含水率下降，但具体时间与基层含水率的降低速度、气温、湿度、通风条件以及表面致密程度等因素有关，很难作出统一的规定，一般在小于8%后才能进行涂料施工。但不同涂料要求不一样，溶剂型要求含水率低些（小于6%）；水乳型外墙涂料的施工需在混凝土浇灌后夏季两周、冬季3～4周后进行。

4）基层表面沾污

混凝土的表面，常因浇筑时所用的模具材料的隔离剂而被沾污。例如胶合板模板，常用石蜡类材料作隔离剂，当它沾污在基层表面时，会影响涂料对基层的粘附力。又如钢制模板，常用油质材料作隔离剂，脱模后的基层表面会沾污上油质材料，会使乳胶类涂料粘附不好。为此，在涂料施工前需对被沾污的基层彻底去污。

（2）预制混凝土材料的基层

1）表面损伤

预制混凝土板材由于是在工厂预制生产，因而板面平整度优于现场浇筑的混凝土，并且由于其用了干硬性混凝土，所以板面比较密实。但在生产过程中的脱模阶段，由于混凝土强度还比较低，再加上出池吊装及运输现场安装等过程中可能产生裂缝及边角损坏现象，在涂料涂刷前需修补完整。但由于修补部分的性质与其他部分会产生差异，从而使施工后的涂层产生颜色不均匀，这在施工中也应注意的。

2）表面沾污

由于预制混凝土板材的养护方式与现场浇筑不一样，后者是自然养护，而前者是在蒸汽供热形成的环境下加速混凝土硬化。因而混凝土表面常常产生游离石灰等物质生成的浮浆皮，这会影响涂层的质量，应清除干净。另外，为了脱模方便，在浇灌混凝土时于模板表面涂布油性材料为主的隔离剂，这就不可避免地会粘附在成型后的预制板上，这必将严重降低装饰涂料的附着性能，并产生剥落及颜色不匀等问题。

另外与现浇混凝土相同，需注意基层的碱性及含水率才能进行涂料施工。

（3）加气混凝土板材的基层

加气混凝土制品与以上两种混凝土制品不同，它的质地较松，强度也比较低，在运输及安装时容易产生边角损坏及开裂等现象。在板材接缝部分由于挠曲造成接缝不平，可将凸出部分剔除，低凹部分使用专用修补灰浆补抹平整。

基层修补所用的水泥砂浆的强度，应与加气混凝土板材强度大致相同，且应注意其碱性。为了修补部位与加气混凝土板材连接界面不致产生剥离或开裂现象，必须在界面上涂刷合成树脂乳液，并在水泥砂浆中掺入聚合物乳液。

（4）水泥砂浆基层

在混凝土、混凝土砌块、金属丝网、水泥刨花板等表面涂抹水泥砂浆做成水泥砂浆基层，一般厚度为10～30mm左右。常采用1∶1∶4或1∶1∶6（水泥∶砂∶水）砂浆抹涂建筑物内外墙面。当在此基层涂饰涂料时，除了考虑基层表面的碱性及含水率以外，应全面检查有无空鼓脱落和明显的裂缝及其他污染物，清除干净后，补平裂缝。

（5）石灰浆基层

石灰浆基层的碱性很强，表面会有裂缝，在用石灰水刷白的基层表面有浮灰，若需刷涂涂料时，应铲除浮灰满批腻子。

（6）其他基层

如石棉板、胶合板等基层，应检查其破裂、缺损处的更换，少部分缺损的修补，对接处的平整程度。

钢板基层主要应去除污染及锈蚀部位，选择附着性能良好的装饰涂料。

1.1.3 常见的基层粘附物及清理方法

见表3-2所示。

常见的基层粘附物及清理方法　　　　　表3-2

项次	常见的粘附物	清理方法
1	灰尘及其他粉末状粘附物	可用扫帚、毛刷进行清扫或用吸尘器进行除尘处理
2	砂浆喷溅物、水泥砂浆流痕、杂物	用铲刀、錾子匀铲剔凿或用砂轮打磨，也可用刮刀、钢丝刷等工具进行清除
3	油脂、隔离剂、密封材料等粘附物	要先用5%～10%浓度的火碱水清洗，然后用清水洗净
4	表面泛"白霜"	先用3%的草酸液清洗，然后用清水洗净
5	酥松、起皮、起砂等硬化不良或分离脱壳部分	应用錾子、铲刀将脱离部分全部铲除，并用钢丝刷刷去浮灰，再用水清洗干净
6	霉斑	用化学去霉剂清洗，然后用清水清洗
7	油漆、彩画及字痕	可用10%浓度的碱水清洗，或用钢丝刷蘸汽油或去油剂刷净，也可用脱漆剂清除或用刮刀刮去

1.1.4 基层处理方法

（1）现浇混凝土及预制混凝土等的基层

1）表面凹凸及接缝错位

凸出部分用磨光机研磨平整，凹下部分用掺合成树脂乳液水泥砂浆或水泥系基层处理涂料嵌填平整；或先涂刷合成树脂乳液水泥砂浆，再在上面抹有同上树脂乳液的找平层水泥砂浆，其厚度为9～25mm，达到与周围结合平整的程度，固化后再打磨光滑平整。

2）裂缝

对稍大的裂缝，修补时用手持砂轮机等工具将缝隙打成"V"形，填充密封防水材料，表面用合成树脂或聚合物水泥砂浆腻子抹平，硬化后打磨平整。

微小裂缝的修补可用封闭材料或涂膜防水材料沿裂缝搓涂，使装饰涂料能与基层很好地粘结。对于预制混凝土板材，可用低黏度的环氧树脂或水泥砂浆进行压力灌浆，压入裂缝中。

3）气泡砂孔

当装饰涂层较薄或需要近看以及对装饰质量要求较高时，应使用掺合成树脂乳液水泥砂浆或水泥系基层处理涂料，将直径大于3mm的气孔全部嵌填。对于直径小于3mm的气孔，可用水泥系基层处理涂料进行处理或在室内用装饰涂料的合成树脂乳液腻子进行处理，表面应打磨平整。

4）脆弱部分

用磨光机或钢丝刷将脆弱部分除掉，然后用树脂砂浆修补。

露出的钢筋等：将铁锈全部清除，然后进行防锈处理，用掺合成树脂乳液水泥砂浆补抹平整。

5）粘附物清理

基层硬化不良或分离脱壳部分及表面的"白霜"与其他粉末状粘附物，分别可用钢丝刷、毛刷、吸尘器等工具除去。对焊接时的喷溅物、砂浆溅物可用刮刀或打磨机除去，用化学除锈剂除去锈斑，用化学去霉剂清洗霉斑。

（2）加气混凝土板材的基层

当装饰涂层很薄时，必须将该基层的接缝连接及表面气孔全部刮涂打底腻子，使表面光滑平整。由于基层吸水性很大，特别是水泥系装饰涂料中的水分易被基层吸掉，致使涂层强度降低，产生空鼓剥落等现象。因而必须在加气混凝土基层表面涂刷合成树脂乳液封闭底漆，使基层渗吸得到适当调整。干燥后，室内墙面接触水分或湿度较大的部分应先涂封闭底漆。

（3）水泥砂浆基层

当水泥砂浆面层有空鼓现象时应铲除，用聚合物水泥砂浆修补。有孔眼时，应用水泥素浆修补。也可从剥离的界面注入环氧树脂胶粘剂。有凸凹不平时，应用磨光机研磨平整。

（4）石灰浆层

满刮腻子一遍并用砂纸磨平，若有气孔、麻点、凸凹不平时，应增加满刮腻子和砂纸磨的次数。刮腻子前，须将混凝土或抹灰面清扫干净，刮腻子时要用刮板有规律地操作，一板接一板，两板中间再顺一板，要衔接严密，不得有明显的接槎与凸痕。凸处薄刮，凹处厚刮，大面积找平。干透后，再用砂纸打磨、扫净。要注意石灰的熟化时间，未充分熟化的石灰，会产生爆灰。阳角部位宜用高强度等级水泥砂浆做护角。

（5）其他板材的基层

木质基层要求接缝不显接槎，不外露钉头。接缝、钉眼须用腻子补平并满刮腻子一遍，用砂纸磨平。如果吊顶使用胶合板，板材不宜太薄，特别是面积较大的厅、堂，吊顶板宜在5mm以上，以保证刚度和平整度，有利于裱糊质量。纸面石膏板上在板墙拼接处应用专用石膏腻子及穿孔纸带进行嵌封。在无纸面石膏板上裱糊壁纸，板面须先刮一遍乳胶石膏腻子。

1.1.5 处理后基层的保管要求

基层经处理修补以后，涂料施工以前必须尽量保持处理后的状态，需进行认真复查，符合涂料施工要求的才能开始着手按工序要求进行涂刷。以下按建筑物不同部位论述基层管理的有关问题。

(1) 内墙面

1) 结露

内墙最大的问题是未干燥会结露，尤其是在屋顶防水、外墙装饰及玻璃安装工程都结束以后，混凝土类基层所含的水分全部向室内散发，使内墙表面含水率增大，室内湿度增高，特别在黎明前，墙体变冷时，则内墙表面产生结露。此时应采取室内供暖，通风换气及等待内墙面水分消失后才能进行涂刷施工。

2) 发霉

不同的建筑物部位，如北侧房间及浴室等处，在潮湿的季节有时基层会产生发霉现象。为防止发霉，可用防霉剂稀释液冲洗，待充分干燥再涂饰掺有防霉剂的装饰涂料。

3) 微细裂纹

室内墙面产生微细裂纹的情况较多，特别是水泥砂浆等基层在干燥过程中进行基层处理时，更是常常在涂饰工程开始前出现微细裂纹。如对高级平滑墙面进行涂层施工，应再补批腻子及磨平。

(2) 顶面

1) 高低不平及翘曲变形

混凝土施工缝部分及板状制品的接缝部分约有 2mm 高低不平的偏差，一般选用保温、隔声、防结露功能的装饰涂料，其涂层厚度约为 2～3mm，可将偏差涂饰平整。同时，应注意板状制品的弯挠下垂、歪斜等情况。

2) 其他

平顶比墙面（特别在阴角部分）更易发霉，应及时清除，并注意基层干燥后才能涂刷涂料。

1.2 施 工 方 法

1.2.1 刷涂

刷涂是涂料最早、最简单的施工方法，适用于建筑物内外墙面及地面、顶棚等处涂刷工程，它是使用漆刷或排笔用手工将涂料均匀地涂刷在建筑物表面上。便于操作，工具简单，但工效较低，劳动强度较大。主要的工具见图 3-1 所示。

适合于这种方法涂刷的涂层为平滑的薄涂层、基层打底涂层、罩面涂层等。

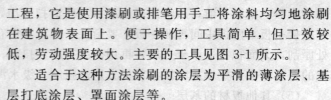

图 3-1 刷涂工具

(1) 刷涂操作

涂刷前必须用清水冲洗墙面，待无明水后才可涂刷。因挥发原因，涂料干燥较快，故勤蘸短刷，初干后不能反复涂刷。

1) 涂刷时应按先上后下、先左后右、先难后易、先阳台后墙面的规律进行。操作时起刷要轻，运刷要重，收刷要轻，刷子要走平，刷两刷中间要顺一刷，要求饰面平整。

2) 刷涂时先刷门窗口，然后竖向、横向涂刷两遍，其间隔时间为 2h 左右。要做到接头严密，流平性好，颜色均匀一致。

3) 涂刷方向, 长短应大致相同, 有一定的顺序, 新旧接槎必须在分格缝处。

4) 一般涂刷两遍盖底, 可以两遍连续涂刷, 即刷完第一遍后立即接着刷第二遍, 但要注意均匀一致。

5) 刷涂与滚涂相结合时, 应先将涂料按照刷涂法涂刷于基层上, 然后及时用辊子滚涂, 辊刷上只需蘸少量涂料, 滚压方向应一致, 操作时动作要快捷、迅速。

(2) 适合用这种施工方法的涂料

1) 聚乙烯醇系内墙涂料, 如聚乙烯醇水玻璃内墙涂料, 803内墙涂料等。

2) 内外墙乳胶漆, 如聚醋酸乙烯乳胶漆, 乙-丙乳胶漆, 苯-丙乳胶漆, 纯丙烯酸酯乳胶漆等。

3) 传统油漆及溶剂型内外墙涂料, 如过氯乙烯外墙涂料, 苯乙烯外墙涂料, 氯化橡胶内外墙涂料, 丙烯酸酯及聚氨酯外墙涂料等。

4) 硅酸盐无机涂料, 如碱金属硅酸盐系涂料, 硅溶胶无机外墙涂料等。

1.2.2 滚涂

滚涂用的辊子是一直径不大的空心圆柱, 其表层是由羊毛或合成纤维做的多孔吸附材料构成。滚涂是指施工时用不同类型的辊具将涂料滚涂到建筑物表面上的一种涂饰方法, 也是一种传统的手工涂饰方法。操作简单, 有利于较高墙面或顶棚的涂饰工作, 工效比刷涂稍高, 但劳动强度也较大。主要的工具见图3-2所示。换上不同(刻有各种花纹)表面的辊套, 可得各种类型的图案花纹。

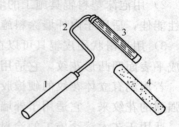

图3-2 滚涂工具
1—手柄; 2—支架; 3—筒芯; 4—筒套

根据涂料的不同类型和装饰质感, 大致可将滚涂分为一般滚涂与艺术滚涂两大类。滚涂工具和用途见表3-3所示。

滚涂工具和用途　　　　　　　表3-3

序号	工具名称	尺寸(in)	用途说明
1	海绵滚涂器		
2	滚涂用涂料容器		
3	海绵墙用滚刷器	7.9	用于室内外墙壁涂饰
4	橡胶图样滚刷器	7	用于室内外墙壁涂饰
5	按压式海绵滚刷器	10	用于压平图样涂料尖端

(1) 一般滚涂

一般滚涂常用羊毛辊具或纤维辊具蘸上涂料, 滚涂到建筑物表面上, 能形成均匀的涂层, 其作用与刷涂相同, 但施工效率高于刷涂, 见图3-3所示。

施工时在辊子上蘸少量涂料后再在被滚墙面上轻缓平稳地来回滚动, 直上直下, 避免歪扭蛇行, 以保证涂层厚度一致、色泽一致、质感一致。其适用的涂料与刷涂操作相同。

(2) 艺术滚涂

艺术滚涂是使用各种不同型式的辊具在墙面上印上各种图案花纹或形成立体质感强烈的凹凸花纹的一种施工方法, 见图3-4所示。

图3-3 滚涂方向

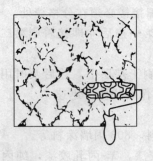  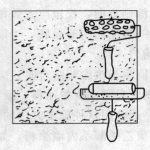

图 3-4　艺术滚涂

主要有以下几种类型。

1) 用内墙滚花辊具施工的墙面可直接滚涂出各种印花图案，其装饰效果可与印花墙布媲美，适用于内墙涂料的滚花施工。

2) 用泡沫塑料辊具施工的墙面上可形成各种粒状花纹图案的涂层，涂层质量好，装饰性能佳，适用于内外墙涂料施工。

3) 用平滑状硬皮辊具可以在凹凸形花纹厚涂料上进行套色，或能将厚质喷涂涂层滚压成平表面凹凸形花纹，它适用于外墙涂料的施工。

若用刻有立体花纹的硬橡胶辊具（刻花辊）能将厚质涂料在施工面上滚涂出立体感十分强烈的花纹来，它适用于外墙涂料的施工。

适用于艺术滚涂施工的涂料有内墙滚花涂料，内外墙厚质涂料（如合成树脂乳胶厚质涂料，无机厚质涂料，聚合物水泥厚质涂料等）。

1.2.3　喷涂

涂料喷涂施工，是利用喷枪作工具，以压缩空气的气流，将涂料从喷枪的喷嘴中喷成雾状液，分散沉积到建筑物基层表面形成涂膜（层）的一种机械施工方法。具有工效比刷涂高，劳动强度也较低，适用于大面积施工等特点。主要的机械和外部混合器如图 2-17、图 2-18、图 2-19 所示。

几乎所有类型的建筑涂料都可以采用喷涂方法施工，按涂层质感类型的不同，可将喷涂施工大致分为三种形式。

(1) 三种形式

1) 一般喷涂

常用工具是普通油漆喷枪；电动无气喷涂机。

适用材料有乳胶漆、水性薄质涂料、溶剂型涂料等。涂层为平滑的薄涂层。施工效率高，但需要压缩空气设备，同时涂料浪费大。

2) 砂壁状喷涂

常用工具是手提式喷枪。

适用的涂料有乙-丙彩砂涂料、苯-丙彩砂涂料等，其涂层形式为砂壁状。

3) 厚质涂料喷涂

常用工具是手提斗式喷枪及手提斗式双喷枪。

适用的涂料有聚合物水泥系涂料、水乳型涂料（如水乳型环氧树脂厚质涂料）、合成树脂乳液厚质涂料。

其涂层形式为厚质点状涂层。

(2) 操作要点

内墙喷涂的施工工序基本上与刷涂、滚涂相同，只是采用机械喷涂时可以不受喷涂遍数的限制，以达到施工质量要求为标准，参照表3-7所示。

1) 喷涂时，空气压缩机的压力一般控制在0.4~0.7MPa，排气量为不小于0.6m³/min。

2) 手要平稳地握住喷斗，喷嘴与墙面尽量垂直，以喷涂后不流挂为准，喷嘴距墙面400~600mm，喷嘴与被涂面垂直且作平行移动，运行中速度保持一致，见图3-5所示。纵横方向作"S"形移动，见图3-6所示。当喷涂两个平面相交的墙角时，应将喷嘴对准墙角线。

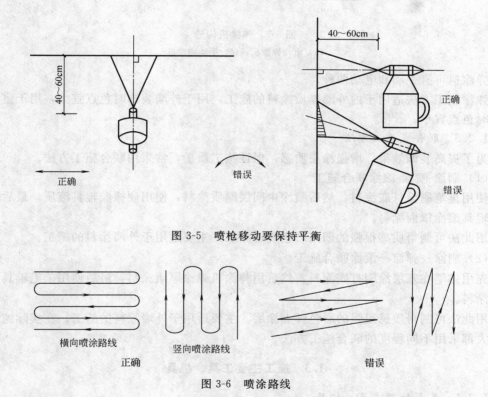

图3-5 喷枪移动要保持平衡

图3-6 喷涂路线

3) 喷涂内墙面时先喷涂门窗口，然后横向来回喷墙面，要防止漏喷和流淌，一般喷两遍成活，两遍的间隔时间约为2h。

4) 如果内墙面与顶棚喷涂不同颜色时，应先喷涂顶棚，后喷涂墙面。喷涂时要用纸或塑料布将门窗及其他部位遮盖住，以免污染。

5) 喷嘴直径，可根据涂层表面效果选择。云母片状涂层可用直径5.0~6.0mm的喷嘴，砂粒状涂层可用直径4.0~4.5mm的喷嘴，细粉状涂层可用直径2.0~3.0mm的喷嘴，外罩薄涂料可用直径1.0~2.0mm的喷嘴。

6) 开喷时气压不要过猛，无料时要及时关掉气阀。涂层接槎必须留在分格缝处，以防出现"花脸"、"虚喷"等问题。

1.2.4 弹涂

弹涂是使用弹涂机将各种颜色的厚质涂料弹射到墙面上，形成立体感的彩色点状涂层的一种施工方法。该法形成的涂层由于各种色点的相互交错，相互衬托，能达到干粘石、水刷石的装饰效果。弹涂机见图3-7所示。

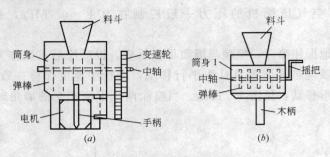

图 3-7 弹涂机构造
（a）电动弹涂机；（b）手动弹涂机

弹涂机可有手动和电动两种。

弹涂施工方法适用于内外墙厚质涂料的施工，用于外墙装饰时色点宜大，用于室内墙装饰时色点宜小。

1.2.5 联合式施工方法

为了提高装饰效果，增强涂层质感，保证施工质量，常采用联合施工方法。

（1）刷涂-喷涂-滚涂联合施工

使用排笔刷涂打底涂料，然后喷涂中间层厚质涂料，使用硬橡胶辊具滚压，最后使用羊毛辊具滚涂罩面涂料。

用此法可制得质感很强的凹凸彩色复层涂层。主要适用于外墙涂料的施工。

（2）刷涂—弹涂—滚涂联合施工

先用排笔在基层涂刷打底涂料，然后用弹涂机弹涂厚质涂料，最后使用羊毛辊具滚涂罩面涂料。

用此法可制得质感很强的彩色弹点涂层。主要适用于外墙涂料的施工。在实际施工过程中大都采用不同程度的联合施工方法。

1.3 施工主要工具、机具

1.3.1 基层处理工具、机具

尖嘴锤、弯头刮刀、圆纹锉、刮铲、钢丝刷、钢丝束、钢针除锈机、铲刀、托板、刮板、打磨木板、梯子、砂纸与砂布等。

1.3.2 涂料施涂工具、机具

油刷、排笔、盛料桶、天平、盘秤、毛辊筒、海绵辊筒、配套专用辊筒及匀料板、压工具塑料辊筒、铁制压板、无气喷涂设备、空气压缩机、手持喷枪、喷斗、各种规格口径的喷嘴、高压胶管、手提式涂料搅拌器等。

1.4 施 工 条 件

（1）涂刷溶剂型涂料时，基层含水率不得大于8%；涂刷乳液型涂料时，含水率不得大于10%。

(2) 抹灰作业已全部完成,过墙管道、洞口、阴阳角等应提前处理完毕,为确保墙面干燥,各种穿墙孔洞都应提前抹灰补平。

(3) 门窗扇已安装完,并涂刷完油漆及安装完玻璃,如采用机械喷涂时,应将不喷涂的部位遮盖,以防污染。

(4) 大面积施工前应事先做好样板(间),经有关质量检查部门检查鉴定合格后,方可组织施工人员进行大面积施工。

(5) 施工现场温度宜在5～35℃之间,相对湿度小于85%,并应注意防尘,作业环境应通风良好,周围环境比较干燥。冬期室内涂饰施工,应在采暖条件下进行,室内温度保持均衡,并不得突然变化。同时设专人负责测试温度和开关门窗,以利通风排除湿气。

课题2 内墙(顶棚)涂料涂饰施工

2.1 一般刷(喷)浆施工

2.1.1 材料配制

(1) 配石灰浆

1) 先在容器内放清水至容积的70%,再将块状生石灰逐渐放入水中,使其沸腾,石灰和水的配合比为1:6(重量比)。沸腾后过24h才能搅拌,过早搅拌会使部分石灰块吸水不够而僵化。最后,用80目铜丝箩过滤,即成石灰浆。为了增强粘结和防蚀性能,可加入少量的桐油或食盐。

2) 外墙刷浆用时,可在石灰浆沸腾时,加入2%的熟桐油(按石灰浆的重量计),使其和石灰浆充分溶混,以增加石灰浆的附着力和耐水性。如需加色,应在事先用开水将颜料泡好,过滤后,按需要加入。

3) 如涂刷的墙太干燥,刷后附着力不好,或冬天刷后易结冰,可在浆内加0.3%～0.5%的食盐(按灰浆重量计)。

4) 还有一种配法是使用工地上已淋好的石灰膏来配石灰浆,只要将石灰膏放进容器内加入适量清水搅和过滤即成。

(2) 配大白浆

先将大白粉(或块)加水拌成稠浆状,然后按比例加入调配好的胶液、六偏磷酸钠及羧甲基纤维素,边加边搅拌,待搅拌均匀后过80目铜丝箩即成。若需加色,应按需要在过滤前加入。若为粉状颜料,可事先用开水将颜料泡好。大白浆的配合比见表3-4所示。

(3) 配可赛银粉浆

配可赛银粉浆时,按可赛银粉:热水=1:5的比例,先将热水倒入桶内,再加可赛银粉,边加边搅拌。必须充分拌和,拌至面上无浮水。然后盖好桶口,让粉料内的胶质慢慢溶解,至少静置4h以上才能使用。使用时,应按施工所需黏度加入适量清水,并过80目铜丝箩。

大白浆的配合比及配制方法 表3-4

大白浆种类	配合比(重量比)	配制方法
乳液大白浆	大白粉：聚醋酸乙烯乳液：六偏磷酸钠：羧甲基纤维素＝100：8～12：0.05～0.5：0.2～0.1	先将羧甲基纤维素浸泡于水，比例为羧甲基纤维素：水＝1：60～80，12h左右，待完全溶解成胶状后，用箩过滤后加入大白浆
聚乙烯醇大白浆	聚乙烯醇：大白粉：羧甲基纤维素＝0.5～1：100：0.1(水适量)	先将聚乙烯醇放入水中加温溶解，然后倒入浆料中拌匀，再加羧甲基纤维
火碱、面胶大白浆	大白粉：面粉：火碱：清水＝100：25：1：(150～180)	面料0.25kg加水3kg，火碱60g用水稀释成火碱液，等火碱全部溶解后，再把它加入面粉悬浊液中，随加随拌，成为浅黄色火碱面粉胶，再用5kg清水调稀，即成火碱面胶。再按比例对入大白粉浆中即可使用
田仁粉大白浆	大白粉：田仁粉：牛皮胶：清水＝100：3.5：2.5：(150～180)	容器中先放开水，边搅动，边放田仁粉，搅动要快，撒粉不致结块，使用前1天冲调效果较好，调成胶后，按比例兑入大白粉浆中即可。最好随调随用，如需存放，可在胶中加1%～2%甲醛或碳酸，以防变质

2.1.2 施工工序

一般喷（刷）浆的工艺流程为：基层处理──→喷、刷胶水──→填补缝隙、局部刮腻子──→石膏墙面拼缝处理──→满刮腻子──→刷、喷第一遍浆──→复补腻子──→刷、喷第二遍浆──→刷、喷第三遍浆。

室内刷浆的主要工序见表3-5所示。

室内刷浆的主要工序 表3-5

项次	工序名称	石灰浆		聚合物水泥浆		大白浆		可赛银浆		水溶性涂料	
		普通	中级	普通	中级	中级	高级	中级	高级	中级	高级
1	清扫	＋	＋	＋	＋	＋	＋	＋	＋	＋	＋
2	用乳胶水溶液或801胶湿润			＋	＋						
3	填补缝隙、局部刮腻子		＋	＋	＋	＋	＋	＋	＋	＋	＋
4	磨平		＋	＋	＋	＋	＋	＋	＋	＋	＋
5	第一遍满刮腻子					＋	＋	＋	＋	＋	＋
6	磨平					＋	＋	＋	＋	＋	＋
7	第二遍满刮腻子						＋		＋		＋
8	磨平						＋		＋		＋
9	第一遍刷浆	＋	＋	＋	＋	＋	＋	＋	＋	＋	＋
10	复补腻子					＋	＋	＋	＋	＋	＋
11	磨平					＋	＋	＋	＋	＋	＋
12	第二遍刷浆		＋	＋	＋	＋	＋	＋	＋	＋	＋
13	磨浮粉						＋		＋		＋
14	第三遍刷浆					＋	＋	＋	＋	＋	＋

注：1. 表中"＋"号表示应进行的工序。
2. 高级刷浆工程，必要时可增刷一遍浆。
3. 机械喷浆可不受表中遍数的限制，以达到质量要求为准。
4. 湿度较大的房间刷浆，应使用具有防潮性能的腻子和涂料。

2.1.3 施工方法

(1) 基层处理

用铲刀和钢丝刷清除基层表面的残灰、残渣、脱皮、起砂、剥落和粉化等，用钢丝刷刷去浮土，并用清水冲洗干净；基层表面的油渍需要用强碱水（火碱：水＝1∶10）溶液冲刷干净后，再用清水冲净；对基层表面的裂缝、蜂窝、孔洞及损坏部位要进行修补；对较宽的缝隙和孔洞较大部位应分两次修补，直至基层平整为止；对凹凸不平的表面可以用聚醋酸乙烯乳胶腻子刮平；对基层表面的预制件或其他金属构件，在涂饰前要做防腐处理。

(2) 喷、刷乳胶水

混凝土墙面在刮腻子前应先喷、刷一道胶水，以增强腻子与基层表面的粘结性，乳胶水配合比（重量比）为清水∶乳胶＝5∶1，应喷、刷均匀一致，不得有遗漏处。

(3) 填补缝隙、局部刮腻子

用石膏腻子将缝隙及凹凸不平处填补。操作时要横抹竖起，填实抹平，并把多余腻子收净，待腻子干后打砂纸磨平，并及时把浮尘扫干净。如还有凹凸不平处，可再补罩一遍石膏腻子。其配合比为石膏粉∶乳胶液∶纤维素水溶液＝100∶45∶60，其中纤维素水溶液浓度为3.5%。

(4) 石膏板面的拼缝处理

在石膏板之间的拼缝处粘贴纤维网、麻布或绸布。按设计规定把纤维网、麻布或绸布裁成条，用胶粘剂粘贴在板缝隙处，粘贴时要把布拉直、拉平。刮腻子时要盖过布的宽度。

(5) 满刮腻子

对于中级喷、刷浆可满刮1～2遍大白腻子，高级喷、刷浆可满刮2～3遍大白腻子。操作时要往返刮平，并注意接槎和收头时要刮净，不能留有腻子。每遍腻子干燥后应打磨一遍砂纸，要慢磨慢打，磨平磨光，应使墙面线脚分明，磨完后应将浮尘扫净。刷有色大白浆时，要从批刮腻子开始就加颜料，由腻子至每遍浆料的颜色可由浅到深，最后一遍浆料的颜色应与所要求的颜色一致，这样涂刷颜色才容易均匀。内墙腻子配合比为乳液∶滑石粉（或大白粉）∶20%纤维素＝1∶5∶3.5（重量比）。外墙、厨房、厕所、浴室等处所使用的腻子配合比为聚醋酸乙烯乳液∶水泥∶水＝1∶5∶1。室内用腻子技术要求见表3-6所示。

室内用腻子技术要求　　　　表3-6

项　目		性　能	
		Y型	N型
在容器中状态		无结块、均匀	
施工性		刮涂无障碍	
干燥时间(表干)(h)		5	
打磨性(%)		20～80	
耐水性(48h)		—	无异常
耐碱性(24h)		—	无异常
粘结强度(MPa)	标准状态	0.25	0.50
	浸水后	—	0.30
低温贮存稳定性		－5℃冷冻4h,无变化,刮涂无困难	

(6) 喷、刷第一遍浆

喷浆前用排笔把门窗周围刷出 200mm 宽，如果墙面与顶棚设计是两种颜色浆时，在分色处也应用排笔齐线并刷出约 200mm 宽以利接槎，然后再大面积喷浆。喷浆时，喷头距墙面 400～600mm。喷浆的顺序应按先顶棚后墙面，先上后下顺序进行，移动速度要匀速平稳，喷刷均匀一致。顶板为槽形板时，应先喷凹面四周内角，再喷中间平面。

(7) 复补腻子

第一遍浆干透后，表面的麻点、凹凸不平处再用腻子找平刮净。腻子干透后用细砂纸轻轻磨，并把浮尘扫净，达到表面光滑平整。如为普通喷浆可不做此道工序，如为中级或高级喷浆，必须有此道工序。

(8) 喷、刷第二遍浆与第三遍浆

所用浆料与操作方法与第一遍喷浆施工相同。第二遍浆干燥后，用细砂纸将浮粉轻轻磨掉并清扫干净，即可喷第三遍浆。喷、刷遍数可由刷浆等级决定，机械喷浆可不受遍数限制，以达到质量要求为准。

(9) 喷、刷面层浆

等前一遍浆干后，用砂纸将粉尘、溅沫、喷点轻轻磨掉，并打扫干净，即可喷、刷面层浆。面层浆应比前一遍浆的胶量适当增大一些，防止喷、刷浆的涂层掉粉。

2.2 聚乙烯醇类涂料

2.2.1 施工工序

涂刷顺序为先顶棚后墙面。一般可两个人一组，距离不要太远，免得接槎处处理不好。施工工序见表 3-5 所示。

2.2.2 施工方法

(1) 基层处理

1) 基层要求

墙面基层必须清扫干净，如有麻面、孔洞，也应用该涂料大白粉配成腻子，或用滑石粉与石膏粉对半配成腻子进行嵌批。墙面如有旧涂层必须预先清除干净。

2) 基层处理方法

(a) 混凝土墙面，虽然较平整，但存在水汽泡孔，必须满刮乳液腻子（滑石粉：羧甲基纤维素：乳液＝100：(4～6)：(10～13)，质量比）两遍，头遍应把水汽泡孔、砂眼、塌陷不平处刮平，第二遍腻子注意找平。

(b) 石膏板等墙面因吸水快，影响涂刷质量及费料，可先刷一道 108 胶水：水＝1：3 的胶水溶液。

(c) 白灰墙面如表面已压实平整，可不刮腻子，但要用 0～2 号砂纸打磨。打磨时应注意不得破坏原基层。

(d) 旧浆皮的清除：在刷过粉浆的墙面、平顶及各种抹灰面上重新刷浆时，必须把旧浆皮清除掉。清除方法是先在旧浆皮面上刷清水，然后用铲刀刮去旧浆皮。因浆皮还有部分胶、胶料，经清水溶解后容易刮去。刮下的旧浆皮是湿的，不会有灰粉飞扬，较为清洁。

如果旧浆皮是石灰浆一类，就要根据不同的底层采取不同处理方法。底层是水泥或混合砂浆抹面的，则可用钢丝刷擦刮；如是石膏类一类抹面的，可用砂纸打磨或铲刀刮。石灰浆皮胶牢固，刷清水不起作用。任何一种擦刮都要注意不能损伤底层抹面。

（2）材料准备

涂料呈碱性，宜用耐碱的容器装，避免用铁制容器。使用时先搅匀，以免造成涂料饰面色泽不一。冬期施工若发现涂料有凝冻现象，可隔水加温至凝冻消失再行施工。若涂料因水分蒸发而变稠，切不要单加清水，可采用108胶与温水（1∶1）调匀后，适量加入涂料内，以改善其可刷性。

（3）施工方法

刷涂施工温度以10℃以上为宜。对基层的含水率要求不超过10%，可用排笔或漆刷施工。排笔着力小，涂层厚；漆刷着力大，涂层薄。气温高时涂料黏度小，容易刷涂，可用排笔施工；气温低，涂料黏度大，不易刷涂，宜用漆刷施工。亦可第一遍用漆刷，第二遍用排笔，使上墙的涂料层薄而均匀，色泽一致。一般工程两遍成活，第一遍要稀些，用原浆，刷时的距离不要拉得太长，一般以20～30cm为宜，反复运笔两三次即可。待第一遍干后用砂纸打磨。刷第二遍注意上下接槎处要严，一面墙要一气刷完，以免色泽不一致。

2.2.3 施工操作要点

（1）基层含水率不得大于10%，以防止脱皮。

（2）基层处理要认真彻底，打砂纸磨平；刮腻子时将野腻子收净，干燥后用砂纸仔细打磨平整、光滑，并清扫干净；大白粉细度要符合要求，喷头直径要适宜，以防止表面浆颗粒粗糙。

（3）刮腻子时，一次不要刮厚，并应待腻子干透后再刮第二遍腻子，以防腻子收缩形成裂缝，结果把浆皮拉裂。腻子应坚实牢固，不得粉化、起皮和裂缝。

（4）应注意喷（刷）浆层不得过厚，面层浆内胶量要适量，确保干后面层不脱皮。同时为增加浆与基层的粘结强度，可在喷（刷）浆前，先喷刷一道胶水。

（5）为避免泛碱、咬色现象出现，必须在墙体干透后再进行喷（刷）浆，同时也要防止室内跑水、漏水后浸湿墙面形成水痕。另外喷（刷）浆遍数不能跟得太紧，应遵守合理的施工顺序。

（6）喷（刷）浆时，应设专人负责，喷头距墙面400～600mm，移动速度应均匀，喷（刷）浆不要太厚，配浆应由技术高的人掌握，保证配合比正确，以防止喷（刷）浆时流坠，保证喷（刷）浆质量。

（7）为防止皱褶、开裂，喷（刷）浆作业应在好的天气条件下进行，如在雨期施工更要引起重视，应加强成品保护工作。

（8）施工后，涂料结膜后不能用湿布擦拭。刷涂后，必须将桶、漆刷、排笔用清水洗净，喷枪要先清洗其表面，然后灌清水喷水，直到喷出清水为止。妥善保存，切忌接触油类。

2.2.4 成品保护

（1）刷（喷）浆工序与其他工序要合理安排，避免刷（喷）后其他工序又进行修补工作。

(2) 刷（喷）浆时室内外门窗、玻璃、水暖管线、电气开关盒、插座和灯座及其他设备不刷（喷）浆的部位，及时用废报纸或塑料薄膜遮盖好。

(3) 刷浆完工后应加强管理，认真保护好墙面。浆膜干燥前，应防止尘土沾污和热气侵袭。

(4) 先勾缝后刷（喷）浆的墙面，应一块砖一块砖地刷浆，以免污染灰缝。

(5) 移动浆筒、喷浆机等施工工具时，严禁在地面上拖拉，防止损坏地面面层。

(6) 拆架子或移动高凳子应注意保护好已刷浆的墙面。

2.3 聚醋乙烯乳液内墙涂料

2.3.1 施工工序

由于工程质量所要求的等级不同，涂料的工序也有所不同。内墙刷涂、滚涂按《规范》分为两个等级。等级越高，涂饰的遍数越多。施工的主要工序见表 3-7 所示。

混凝土及抹灰内墙、顶棚表面薄涂料工程的主要工序　　　　表 3-7

项次	工序名称	水性薄涂料		乳液薄涂料		溶剂型薄涂料		无机薄涂料	
		普通	中级	中级	高级	中级	高级	普通	中级
1	清扫	+	+	+	+	+	+	+	+
2	填补腻子，局部刮腻子	+	+	+	+	+	+	+	+
3	磨平	+	+	+	+	+	+	+	+
4	第一遍满刮腻子		+	+	+	+	+		+
5	磨平		+	+	+	+	+		+
6	第二遍满刮腻子				+		+		+
7	磨平				+		+		+
8	干性油打底					+	+		
9	第一遍涂料	+	+	+	+	+	+	+	+
10	复补腻子		+	+	+	+	+		+
11	磨平(光)		+	+	+	+	+		+
12	第二遍涂料	+	+	+	+	+	+	+	+
13	磨平(光)				+		+		+
14	第三遍涂料				+		+		+
15	磨平(光)						+		
16	第四遍涂料						+		

注：1. 表中"＋"表示应进行的工序，以下均同。
　　2. 湿度较大或局部遇明水的房间，应用耐水性的腻子和涂料。
　　3. 机械喷涂可不受表中遍数的限制，以达到质量要求为准。
　　4. 高级内墙、顶棚薄涂料工程，必要时可增加刮腻子的遍数及 1～2 遍涂料。
　　5. 石膏板内墙、顶棚表面薄涂料工程的主要工序除板缝处理外，其他工序同本表。

2.3.2 施工方法

(1) 涂刷第一遍乳胶漆

施工应在干燥、清洁、牢固的基层表面上进行，施涂每面墙面的顺序宜按先左后右、先上后下、先难后易、先边后面的顺序进行，不得乱涂刷，以防漏涂或涂刷过厚，涂刷不均匀等。一般用排笔涂刷，使用新排笔时，注意将活动的笔毛去掉。乳胶漆涂料使用前应搅拌均匀，根据基层及环境温度情况，可加10%水稀释，以防头遍涂料施涂不开。干燥后复补腻子，待复补腻子干透后，用1号砂纸（布）磨光，并清扫干净。

（2）涂刷第二遍乳胶漆

操作要求同第一遍乳胶漆涂料，涂刷前要充分搅拌，如不很稠，不宜加水或尽量少加水，以防露底。漆膜干燥后，用细砂纸（布）进行打磨，打磨时用力要轻而匀，并不得磨穿涂层。打磨后将表面清扫干净。

（3）涂刷第三遍乳胶漆

操作要求同第二遍乳胶漆涂料。由于乳胶漆膜干燥较快，应连续迅速操作，涂刷时从左端开始，逐渐刷向另一端，一定要注意上下顺刷相互衔接，后一排笔紧接前一排笔，避免出现接槎明显而另行修补。

2.4 丙烯酸酯乳液漆涂料

2.4.1 施工工序

施工工序见表3-7所示。

2.4.2 施工方法

（1）涂刷底层涂料

又称封底漆的施工。封底漆必须在干燥、清洁牢固的表面上进行，可采用喷涂或滚涂的方法施工，涂层必须均匀，不可漏涂，渗入基层涂料较多时须重涂，要注意渗入后的底漆涂饰均匀一致性。

（2）滚涂施工

高档乳胶漆一般是浓缩型，因而施工时应进行稀释处理。第一遍应稍稀些，加水量根据生产厂家要求而定，然后将涂料倒入托盘，用涂料辊子蘸料涂刷。为了避免流挂，应少蘸、勤蘸。滚涂方法与聚醋乙烯乳胶内墙涂料相同。第一遍施工完工后，一般需干燥6h以上，才能进行下一道工序磨光。

第二遍乳胶漆应比第一遍稠，具体掺水量根据生产厂家要求而定，施工方法与第一遍相同，若遮盖力差，则需要打磨后，再涂刷一遍。

（3）喷涂施工

高档乳胶漆采用喷涂施工，效果更好。

喷涂时，乳胶漆需要用清水调至合适的稠度，具体掺水量根据生产厂家要求而定，采用1号喷枪，喷涂压力可调至0.4~0.7MPa，喷嘴与饰面成90°角，距离控制在40~60cm为宜，喷出的涂料成浓雾状。喷涂要均匀，不可漏喷，不宜过厚，一般以喷涂两遍为宜。

喷涂顺序可灵活掌握，以提高施工效率和保证施工质量为准。

其他与聚醋乙烯乳胶内墙涂料相同。

2.4.3 涂层常见缺陷及改进方法

涂层常见缺陷及改进方法见表3-8所示。

涂层常见缺陷及改进方法　　　　　表 3-8

缺　陷	产　生　原　因	改　进　方　法
刷痕	1. 基层处理不当,基层或腻子材料吸水或溶剂过快 2. 刷子陈旧,毛绒短小,涂刷厚薄不匀	1. 基层处理后涂刷封闭型底涂料,改进腻子配方,薄而均匀地满批腻子 2. 及时清洗更换刷具
涂层酥松	1. 基层养护时间过短,含水率大,碱性较大 2. 乳胶型或水溶性涂料在低于最低成膜温度以下施工	1. 达到规定养护时间再进行涂料施工 2. 在规定施工温度以上进行涂刷施工,水性涂料 5℃以下不能施工
起泡、脱皮	1. 基层浮灰未清理干净,腻子粘结性差,易粉化 2. 使用溶剂型涂料时,基层含水率较高	1. 施工前基层清理干净,选用与基层及涂料粘结性好的腻子 2. 检查基层含水率,在规定含水率以下才能施工
流挂	基层湿度大,不吸收或很少吸收涂料中的水分	太湿墙面不宜施工
咬色	基层太湿,碱性太大,涂料中某些耐碱性差的材料发生化学反应而变色	装饰基层必须干燥
透底	1. 基层太湿,不易涂刷 2. 局部地方漏涂	1. 干燥基层 2. 顺序涂刷,避免漏涂
涂层发花颜色不均匀	不均匀喷涂或弹涂	认真操作,提高技术水平

2.5　云彩内墙涂料（又名梦幻内墙涂料）

2.5.1　基层处理

基层要求必须做到坚实、平整、干燥、洁净。

如果是在旧墙面上做云彩涂料装饰施工,可视墙面的条件区别处理：旧墙面为多裂纹和凹坑时,用白乳胶加双飞粉和白水泥调成腻子补平缺陷,干燥后再满批一层腻子抹平基面；旧墙面为乳液型涂料时,应检查墙面有无酥松和起皮脱落处,全面清除浮灰、油污等,然后用双飞粉和胶水调成腻子修补墙面；旧墙面为油性涂料时,可用细砂布（纸）打磨旧涂膜表面,最后清除浮灰和油污等。

2.5.2　涂料的组成及施工

云彩涂料一般分底涂、中涂、面涂层。

（1）底涂层

底涂层所用的材料是一种具有极强渗透力和硬度的涂料,能与各种基层材料反应交融,将基层毛细孔封严,防止外部水分渗入或基层碱性物质渗出,从而加强基层的刚度。

待基面处理完毕并干燥后,即可进行云彩的底涂施工。底层涂料采用耐碱且与基层粘结好的涂料。底涂可用刷、滚、喷于墙体表面,两遍成活,间隔 20min。但应注意涂层均匀,不要漏涂。

（2）中涂施工

是一种与底涂配套的改性特种树脂与无机、有机颜料组成的水性涂料,具有附着力强,流平性好,可形成耐打磨的光滑涂膜,具有耐水、耐碱、耐冻融性的优点。

中层涂料一般为水性涂料,可采用多种不同的色彩,可刷涂也可滚涂,一般为两遍成活，间隔 4h，第一遍用 40%～50% 的用水量比例稀释中涂料；第二遍用 30% 的用水量比例稀释中涂料。中涂料涂层干燥后再用底涂在中涂面上涂刷一遍。

(3) 面涂施工

以改性特种树脂和专用无机、有机颜料加工而成的水性涂料，具有耐老化的特点。

面层用 5%～50% 的用水量比例稀释中涂料，两遍成活。面层与中涂第二遍间隔 4～5h，两遍面层之间无间隔时间。面层施工时一般需两人配合操作，前面一人涂刷，后面紧跟一人，云彩涂料的表面花纹效果，需依靠人工涂刷创作。使用不同的工具，可做出不同的花纹效果。涂刷花纹的工具可选用刷子、塑料刮片、胶辊或自制小扎把（用布料或皮革片扎成刷状）等，其目的是在面涂表面形成美观的纹理和质感效果。一般有几种做法。

1) 手工做面涂施工

滚涂法：所用工具是辊子，它是用橡胶、海绵或羊毛辊筒，上面包上带有许多皱褶的胶带，胶带不允许绷紧，见图 3-8 所示。施工时，一人先用刷子或一般羊毛辊子将面层涂料均匀地刷于中涂层上，理平、理匀，另一人随后用专用辊子滚涂。每次涂刷可以按 $1m^2$ 左右为一个单位。因为云彩涂料干燥较快，如涂刷的面积较大，则滚涂跟不上时，很可能由于涂料渐干而影响造型效果。而后再涂刷另一个单元相同效果的花纹，以此类推直至完成整个云彩涂料装饰面。

滚垫法：所谓滚垫，是用两层或三层以上的软质的皮革或人造革，交叉叠起，经在其中心处绑扎加工而成，大小可按实际情况而定，见图 3-9 所示。施工时也需要两人配合，前面一人涂刷，后面紧跟一人用"滚垫"将涂料点下，然后立即将"滚垫"提起，提起后将"滚垫"转一个角度再行点下。点下时不能旋转，花纹与花纹之间不得有空隙或拉毛。如此反复，整个墙面呈一定造型效果。

图 3-8 滚涂法　　　　　　　　图 3-9 滚垫法工具

刮涂法：使用工具为塑料或其他材料制成的刮板见图 3-10 所示。施工时前面一人涂刷，后面一人用刮板轻轻批刮涂料，刮板与墙面所成角度要小，落手、收手要快，干后即可出现山水云层造型。

印涂法：又名印章法、印模法。工具为用海绵、软皮或其他柔软物多块，包卷成一定图案、形状的"印模"。施涂时，后面一人手拿"印模"，在已滚好的涂料上印花，并需不断改变方向，即会在墙面上呈现各种各样花形图案造型效果。

2) 喷枪做面涂施工

采用喷涂进行云彩涂料的面涂时，需使用其专用喷枪，见图 3-11 所示。喷嘴直径为 2.5mm，空气压力泵输出压力调到 2 个大气压。用 10%～20% 的水稀释面涂料后加入喷

图 3-10 刮涂法工具　　　　　图 3-11 喷涂法工具

枪料斗中。喷涂时，喷嘴距墙面 60～80cm，先水平方向均匀喷涂一遍，再垂直方向均匀喷涂一遍。如果需要多种色彩，可在第一遍喷涂未干之时即喷一道另一种颜色的面涂料，使饰面形成多彩的迷幻效果。

2.5.3　施工操作要点

（1）涂饰工程使用的腻子，应坚实牢固，不得粉化、起皮和裂纹。厨房、厕所、浴室等部位应使用具有耐水性能的腻子。

（2）涂刷时注意不要漏刷，保持涂料稠度，不可加水过多，以免产生透底现象。

（3）涂刷时要上下顺刷，后一排笔紧接前一排笔，若时间间隔稍长，就容易看出明显接槎。因此大面积涂刷时，应配足人员，互相衔接好。

（4）乳胶漆稠度要适中，排笔蘸涂料量要适宜，涂刷时要多理多顺，手用力要均匀一致，防止刷纹过大，使刷纹明显。

（5）在滚涂时，为了长时间均匀布料，应注意不要过分用力压辊，不要让辊子中的涂料全部挤出后才蘸料，应使辊子内保持一定量的涂料。

（6）滚涂至接槎部位或达到一定段落时，应使用不蘸涂料的空辊子滚压一遍，以保持滚涂饰面的均匀与完整，避免在接槎部位显露出明显的痕迹。

（7）喷涂所用的涂料黏度要适中，要保证一定遮盖力和厚度。压力要适当，压力过高或过低，都会影响喷涂质感效果，而且涂料损失多。喷涂施工应先喷门、窗附近。接槎应留在分格缝处，以免出现明显的接槎痕迹。若接槎明显，应用砂纸打磨后补喷。

（8）涂料为带色的乳胶漆时，配料要合适，并一次配足，保证每间或每个独立面和每遍都用同一批涂料，并宜一次用完，以确保颜色一致。

（9）施工后，立即用清水洗净料筒、辊子、漆刷和排笔。喷枪要先清洗其表面，然后灌清水喷水，直到喷出清水为止。洗不掉的乳胶漆可用热水泡洗或用棉丝蘸丙酮擦洗。妥善保存，切忌接触油类。

2.6　彩色弹涂饰面

2.6.1　施工工艺和方法

（1）基层处理

清除浮土，隔离剂等污物，修补边角，对不平整的墙面要用砂浆抹平。验收合格后，喷涂 108 胶水溶液，配合比为 108 胶（10%）∶水＝1∶15～25。

（2）准备工作

做好弹线分格，粘贴好分格条。

(3) 配制底层色浆及弹点色浆

底层色浆的配合比（质量比）为白水泥∶108胶∶颜料∶水＝1∶0.13∶适量∶0.8，过80目筛，2h内用完。弹点色浆配合比为（质量比）白水泥∶108胶∶颜料∶水＝1∶0.1∶适量∶0.4，过60目筛，4h内用完。用灰浆搅拌机拌和。先将水泥与颜料按比例干拌均匀后，过筛，再按照顺序将经称量的水泥与颜料的混合料、108胶及水投入搅拌机拌2min，均匀后即可使用。

(4) 涂饰底层色浆

喷涂或刷涂底层色浆一至两遍，盖住底子即可，刷浆厚度要均匀，正面看无排笔接头槎，内不起壳，外不掉粉，色泽一致，无透底和流坠。色浆要在2h内用完。

(5) 弹涂样板

在弹涂作业前，在现场做几平方米的弹涂样板，并用彩弹机进行试弹。检查色浆稠度是否适宜，彩弹机中装料不能太多，以弹出成型的直径为3～6mm的圆点为宜。太稠将喷出尖点，太稀则喷出平点，装饰效果不理想。

(6) 弹头道点

弹头距墙面约25～30cm，弹点速度应始终保持一致，以保证弹点均匀。上料不宜过高，约占弹斗1/3，涂料要经常搅拌，防止沉淀。上料应试弹，合适后再上墙，头道弹点应占饰面70%，分布要均匀，大小要一致。

(7) 弹二道点

色泽要均匀一致。如采用套色做法，弹涂由浅色到深色再到白色的点，可同时使用3～4个彩弹机，第一个人弹涂第一道浅色色点，第二个人弹涂第二道较深的色点，第三个人弹涂深色点，第四个人弹涂白色点，补充前三道色点不均匀处。弹时注意遮挡分界线，不把花点弹到别的饰面上。

(8) 花纹

弹涂到批刮压花之间的间隙时间，视施工现场的温度、湿度及花型等不同而定。当墙面所弹花点有2成干时，就可用钢皮刮板轻压花点，使之成为花纹状，压花纹用力要均匀，刮板要刮直，刮板与墙面的角度宜在15°～30°之间，要单方向批刮，不能往复操作。每刮一次，都要擦干净，不得间隔，以防花纹模糊。花纹应均匀一致，无接头、无拼缝、无批刮印痕，要紧贴基层无翻卷。也有不进行此工序，而直接喷罩面层涂料的。

(9) 喷涂罩面层涂料

色点弹涂作业完成后间隔24h即可喷罩面层涂料。如作彩色弹涂滚花，则在压花纹的工序后，严格按样板配合比，调配好滚花用的色浆，在墙面滚花。滚花时，手要平稳，一滚到底，滚第一行前，弹好垂直线。这种彩色弹涂滚花工艺，主要以聚醋酸乙烯乳胶漆或803涂料为主要基料，把弹涂与滚花结合在一起，适合于室内装饰。

(10) 修补

对出现的遗漏及缺陷应及时修补。彩色弹涂所用的色浆，要严格按照实样的比例统一配料，一次制作。每种色浆配好后，应保留一些，对出现的遗漏及缺陷应及时修补。

(11) 喷水养护

为保证涂层的水化作用，防止粉化，涂层达到初凝后（夏季 2~3h）需喷水养护。

（12）涂罩面涂料

弹涂层完全干燥后，喷涂或刷涂罩面涂料。

2.6.2 施工操作要点

（1）选用涂料的颜色应完全一致，发现颜色有深浅时，应分别堆放、贮存，分别使用。

（2）涂料使用前必须经过充分搅拌，其工作黏度或稠度，应保证施涂时不流坠、不显刷纹。使用过程中亦需不断搅拌并不得任意加水或其他溶液稀释。

（3）不在同一视线下的作业面，以同一人操作为宜。自上而下，按顺序刷浆，不应有排笔花印，上下排架子处要注意接头，不留明显接槎。

（4）彩弹机起动后，先空转 5min 左右，然后再投入使用。连续使用 4h 或停机 15min 以上，必须将料斗和操作箱清洗干净。基层嵌批、涂刷和面层弹点、滚花所用的腻子和色浆，应用同类型材料配制。

（5）弹涂、滚花所用材料，系酸、碱性物质溶液，不宜用黑色金属容器盛装。

（6）施工后，立即用清水洗净料筒、辊子、漆刷和排笔。必须将彩弹机的料斗和操作箱清洗干净。洗不掉的涂料可用热水泡洗或用棉丝蘸丙酮擦洗。妥善保存，切忌接触油类。

2.7 调合漆涂饰

2.7.1 施工工序

内墙面涂饰调合漆的一般工艺流程为：基层处理——填补缝隙、局部刮腻子——磨平——满刮腻子——磨平——刷涂底层涂料——刷第一遍面层涂料——刷第二遍面层涂料。

混凝土和抹灰表面涂饰油漆的主要工序见表 3-9 所示。

混凝土和抹灰表面涂饰油漆的主要工序　　　　表 3-9

项　次	工序名称	普通油漆	高级油漆
1	清扫	＋	＋
2	填补缝隙、磨砂纸	＋	＋
3	第一遍满刮腻子	＋	＋
4	磨光	＋	＋
5	第二遍满刮腻子		＋
6	磨光		＋
7	干性油打底	＋	＋
8	第一遍油漆	＋	＋
9	复补腻子	＋	＋
10	磨光	＋	＋
11	第二遍油漆	＋	＋
12	磨光		＋
13	第三遍油漆		＋
14	磨光		＋
15	第四遍油漆		＋

注：1. 表中"＋"号表示进行的工序。
　　2. 如涂刷乳胶漆，在第一遍满刮腻子前，应刷一遍乳胶水溶液。
　　3. 第一遍满刮腻子前，如加刷干性油时，应用油性腻子涂抹。

2.7.2 施工方法

(1) 基层处理及方法

1) 整体抹灰基层

包括水泥砂浆罩面，石灰或纤维灰膏罩面的抹灰基层。像这样抹灰基层，质量等级的划分和质量标准在《建筑装饰装修工程质量验收规范》(GB 50210—2001)中已经作明确规定，对涂刷部位的基层，按照规范的要求组织检查，对于需要处理的质量问题，应处理完毕后再进行基层处理。

整体抹灰基层，还要注意石灰的熟化时间，用于罩面时，熟化时间不少于30d。如果已经发现墙面基层有少量爆灰，不要急于涂刷面漆，应用潮湿的条件促使未熟化的石灰充分爆裂，然后再将墙面处理平。常用的办法是往墙面喷水，最好用喷头淋水，因为喷头淋水均匀，水珠细，能够渗入墙面内。淋过水的墙面，经过一个月左右，未熟化的石灰能够发爆，这种矛盾早暴露，比墙面面漆涂刷完毕再去处理，损失要小得多。淋水时要经常淋，使墙面始终保持潮湿的状态。

在基层的要求上，特别要注意基层的含水率，涂刷溶剂型的整体抹灰基层含水率不应大于8%。含水率的控制，如果用墙面湿度测试仪，能很方便测出。如果没有，一般用手触摸或者根据经验进行判断。

2) 石膏板隔墙

板缝的拼缝问题对于石膏板来讲，几乎成了一大通病。拼缝处不平，拼缝处干缩裂缝在一些工程中表现较为突出。所以，控制拼缝处的平整度，是保证油漆面质量的重要组成部分。

造成拼缝处不平的原因，主要有两点：一是操作不认真，急于求成；二是未能按照生产厂家的操作要求去施工。石膏板及其他配件要配套，并要专用的，可是有些承建单位往往只买板材、龙骨，而对拼缝处理的嵌缝石膏及接缝穿孔带纸则不购买。这样会造成拼缝处的腻子强度不合适，不加穿孔带纸，易产生干缩裂缝等质量问题。拼缝处刮腻子按照生产厂家的要求，宜四道工序完成，可是有的承建时只刮一道就算完成。

在认为合格的墙面上，开始作底层处理，首先清理基层。灰碴、浆水等附着要清理干净，局部油污要用碱水或清洁剂清理，表面一般应磨一道砂纸，将残存在墙体表面的小颗粒及浮灰或其他杂物擦干净。

(2) 嵌、批腻子

批腻子是一项基层处理的重要工作，批腻子的遍数，根据基层的平整情况，适当掌握。批腻子的目的主要是进一步增加基层的平整度，因为仅靠抹灰找平，一些细小的不平部位难于达到，采用刮板批腻子可将这些小的不平部位找平。另外批腻子增强涂层与基层的粘结力，在基层与面层之间，起到桥梁作用。

嵌批用的腻子除满足一般的调配与使用要求外，在较大的缺陷处和裂缝较大的地方应采用较硬的腻子来填实、嵌平。腻子干后用钢皮刮板刮一遍，再满批腻子。一般可采用普通水性乳剂腻子。腻子一般要批二道，如墙面较为平整可局部找补腻子或只满批一道腻子也可以。头道腻子干后再用钢皮刮板横刮一次，刮去不平整的地方。最好不用砂纸打磨。因砂纸打磨后会使腻子面上的结膜胶质破坏，二道腻子的附着力就不好。如在水泥砂浆等抹灰面上批腻子，要横向批一道后，再纵向批一道。一般墙纵批一道就可以了。批腻子应力求平整干净。每道工序后都要扫清灰土。

对于室内墙面，常用乳胶腻子，其配比如下：乳胶：滑石粉或大白粉：2%羧甲基纤维素溶液＝1：5：3.5（质量比）。

(3) 调合漆施工方法

1) 弹分色线

如墙面有分色线，应在涂刷前弹线。先涂刷浅色油漆，后涂刷深色油漆。

2) 涂刷第一遍涂料

可用3～4英寸的油刷或16管排笔操作。清油要求刷到、刷匀，不能有遗漏和流淌现象。清油干后（约12h以上）找补腻子。找补的腻子可用石膏油腻子。腻子干后，全部用1号木砂纸打磨并清扫灰土，就可以刷厚漆了。

3) 刷第一道厚漆

刷厚漆可使用7.62cm（3英寸）油刷或16管排笔操作，一般是用刷过清油的油刷或排笔。头道厚漆的稠度以盖底、不留淌、不显刷痕为宜，以便于刷开、刷匀。3.5m高度以内的墙面，一般两人上下配合刷油。超过此高度，要适当加人。施涂每面墙面的顺序宜按先左后右、先上后下、先难后易、先边后面的顺序进行，不得乱涂刷，以防漏涂或涂刷过厚，涂刷不均等。次序是先从不明显处起，一般是从门后暗角刷起。两人上下要互相配合，不使接头处有重叠现象。第一遍涂料完成后，对于中级或高级涂刷应进行复补腻子施工。个别缺陷或漏刮腻子处要复补，待腻子干透后打磨砂纸，把小疙瘩、腻子渣、斑迹等磨平、磨光、并清扫干净。

平顶刷油时，要用合梯搭跳板操作。次序是两人从两边同时开始向中间涂刷，也可从中间开始向两边涂刷。每一次移动合梯涂刷的接头处，最好留在有各种物件挡住的地方（如中间灯座、中间花纹圈及梁柱等处），这样就不会明显看出留下的接头。

4) 刷第二道厚漆

头道厚漆干后，如还有缺陷，要用石膏油腻子找补。干后再用1号木砂纸打磨。清扫后即可刷第二道厚漆。涂刷操作方法同第一道厚漆（如墙面为中级涂饰，此遍可刷铅油；如墙面为高级涂饰，此遍应刷调合漆）。

二道厚漆要配得油料重、稀料少，使刷后的漆膜有较好的光泽，最好采取厚漆与调合漆各半对掺使用。干后要用半旧砂纸打磨并清扫，同时用湿布将墙面揩擦一遍。

5) 涂刷第三遍涂料

用调合漆涂刷，操作方法与刷厚漆一样，但这种油漆干燥快，刷时一定要配合好，动作快，刷匀，接头处要用排笔或油刷刷开、刷匀，再轻轻理直。每个刷面全部刷完后再刷下个刷面。如墙面为中级涂饰，此道工序可作罩面层涂料，即最后一遍涂料。

6) 涂刷第四遍涂料

一般选用醇酸磁漆涂料，此道涂料为罩面层涂料，即最后一道涂料。如最后一道涂料改为用无光调合漆时，可将第二遍厚漆改为有光调合漆，其做法相同。

2.7.3 施工操作要点

(1) 严格控制含水率。基层为混凝土或抹灰面，涂刷溶剂型涂料时，含水率不得大于8%。

(2) 腻子应坚固，不得粉化、起皮和裂纹。厨房、厕所、浴室等部位涂刷调合漆时，应使用耐水性的腻子。

(3) 当涂料太稀、涂刷过厚，施工的环境温度太低、干燥过程太慢，以及墙面不平或有油、水等污物时，宜产生流坠。故在实际操作时应选择挥发适宜的稀释剂，认真清理墙面，油漆涂刷均匀一致，环境温度要适当。

(4) 如果涂刷前没有把涂料调拌均匀，密度大的填充料下沉；或稀释料剂加的太多，破坏原来的稠度；或底子涂料不匀或颜色重时，易产生透底。因此操作时，要严格控制涂料的稠度，不得随意在涂料中加入稀释剂，底层颜色涂料要浅于交活的面层涂料颜色。

(5) 当墙面不平、漏刮腻子或漏磨砂纸、涂料质量不好或加入稀释剂过多、作业环境温度过低或湿度过大时易产生倒光或光亮不足现象。因此，在施工中应加强对基层的表面处理，腻子要刮实刮均匀，并用砂纸仔细打磨。选用优质涂料，加稀释剂应适宜。

(6) 当涂料干得太快，或操作者的技术水平差，会在接头处产生明显接槎。因此当涂料是油性涂料，可稍加清漆，使涂料不要干得太快。操作者要熟练掌握涂料施工技术，并要配足够的操作人员，作业面不宜过大，确保涂料施工质量。

(7) 刷每道油漆时，上方操作者要把门、窗等处沾上的油漆揩擦干净。下方操作者要把地板、踢脚线处沾的油漆擦净。

(8) 为了保证质量，刷油时要把门、窗关闭，避免空气流动，使油漆干燥得较慢些，以利于操作。刷完后开启通风。每道油漆须经过24h后才能进行下次刷油。环境温度要符合涂料的要求。

2.7.4 成品保护

(1) 涂刷涂料前，首先清理好周围环境，防止尘土飞扬，影响饰面质量。

(2) 对于门窗等不需涂饰部位应在涂料施工前遮盖严密。施涂时，不得污染地面、阳台、窗台、门窗及玻璃等工程。

(3) 最后一遍涂料刷涂完后，涂料未干前，不应打扫周围环境，严防灰尘等污染饰面。

(4) 涂料饰面施涂完毕后，应派专人负责看护和管理，以防他人在其饰面上乱写乱画、乱蹬、乱摸，造成污染或损坏。

2.8 安全技术

(1) 对施工操作人员进行安全教育，并进行书面交底，使之对所使用的涂料的性能及安全措施有基本了解，并在操作中严格执行劳动保护制度。

(2) 凡操作基准面在2m以上（含2m）均属高空作业，操作人员必须穿戴紧口工作服、防滑鞋、头戴安全帽和腰系安全带，以防坠落。

(3) 涂料施工前，应检查脚手架、马凳是否牢靠。脚手板必须有足够的宽度，搭头处要牢固。操作者必须思想集中，不能麻痹大意，工作中不能开玩笑，以防跌落。

(4) 施工现场严禁设涂料材料仓库，涂料仓库应有足够的消防设施。

(5) 施工现场应有严禁烟火安全标语，现场应设专职安全员监督保证施工现场无明火。

(6) 每天的涂料材料尽量当天用完。涂料使用后，应及时封闭存放。废料应及时从室内清出和处理。

(7) 施工时室内应保持良好通风,但不宜过堂风。涂刷作业时操作工人应配戴相应的劳动保护设施,如防毒面具、口罩、手套等,以免危害操作工人身体。

(8) 严禁在民用建筑工程室内用有机溶剂清洗施工工具。

2.9 质量验收标准和检验方法

见单元1中2.4质量验收标准和检验方法。

课题3 涂料涂饰施工课程技能训练

可根据本地区的实际情况和建筑工程施工的特点,在以下项目中选择3～5项进行技能训练考核。

3.1 调配石灰浆和大白浆

考核其用料和计量、比例以及调配方法是否准确。

3.2 调配石膏腻子和胶油腻子

考核其选料和计量、比例是否准确,识别腻子的可操作度。

3.3 在内墙抹灰面上涂饰水溶性涂料(石灰浆、大白浆、聚乙烯醇类)、合成树脂乳液型

考核其能否正确配涂料,是否按操作顺序,能否掌握操作要点,最后视其质量和装饰效果评定。

3.4 涂料颜色的调配

考核能否掌握各涂料调配的用料和配合比,以及调配的方法和要点。色彩可由考生自选。

3.5 涂料稠度的调配

考核能否掌握涂料由于操作工艺和使用部位的不同,需要调配各种稠度的方法和要点。

3.6 在抹灰面上涂饰调合漆

考核能否掌握抹灰面干湿的要求和涂饰操作工艺顺序、各顺序的操作要点、质量标准和其质量通病的防止措施。

3.7 在抹灰表面涂饰无光漆

考核其能否掌握操作工艺顺序、操作要点,是否符合质量要求。

3.8 清除旧涂料

考核能否掌握使用火喷法、碱水或脱漆剂清除旧涂料的操作工艺顺序和操作要点,达

到清除旧涂料，而不伤其质。

3.9 在已污染的平顶或墙面上涂饰乳胶漆

考核如何处理并涂饰防霉乳胶漆。

思考题与习题

1. 如何调制大白浆？
2. 刷浆施工中涂膜掉粉、起皮的主要原因是什么？
3. 刷浆施工中涂膜透底如何防止？
4. 简述基层黏附物及清理方法。
5. 混凝土、抹灰和石膏板基层如何处理？
6. 简述水泥砂浆抹灰面上，批腻子找平、砂磨的方法及施工要点。
7. 简述涂料涂层常见缺陷的种类、产生原因和改进方法。
8. 涂料施工有哪几种方法？各有什么特点？
9. 涂料涂刷采用联合施工方法的优点是什么？
10. 简述合成树脂内墙乳液型薄涂料的施工工艺。
11. 简述云彩涂料的施工工艺。
12. 简述丙烯酸酯乳液涂料的施工工艺。

单元 4 油漆涂饰施工

知 识 点：施工准备；专用施工工具；施工工艺与方法；操作要点；成品保护；安全技术；施工质量验收标准与检验方法。

教学目标：通过课程教学和技能实训，选择较典型地面、门窗和细部油漆饰面的实例，在实训老师与技工师傅的指导下，进行实际操作。结合装饰工程油漆涂饰施工的岗位要求，强化学生认知地面、门窗和细部饰面的常用材料。通过组织地面、门窗和细部油漆饰面的施工作业，使学生熟悉并掌握油漆涂饰施工工艺与方法和操作要点，正确使用施工工具和机具及维修保养，能用质量验收标准与检验方法组织检验批的质量验收，能组织实施成品与半成品保护和安全技术措施。

课题 1 油漆涂饰施工准备

1.1 基 层 处 理

1.1.1 木质基层的特征

木质基层涂装是建筑涂饰的重要内容，例如在建筑装修中所涉及的各种木质基层、各种木质建筑构件和木器（如家具、器具等）的涂饰。比之其他类建筑涂料的涂饰，木质基层涂装有一些特点，例如所使用涂料的种类的差别、涂饰方法和环境条件等。

就涂饰涂料的种类来说，与墙面涂料以水性为主的格局不同，木器涂料以溶剂型涂料为主，木器涂饰时所涉及的绝大多数是溶剂型涂料。目前虽然有关水性木器漆的资料、广告和各种媒体宣传较多，但也只是木器涂料品种的补充，在应用中还存在着一定的问题。由于木器涂饰中这种以溶剂型涂料为主的格局，就带来了有关与水性涂料涂饰技术不同的问题，例如劳动保护、防火安全等。

就涂饰时所要进行的基层技术处理来说，木质基层涂饰的基层处理种类和方法最为复杂和多样，有很多是完全不同于墙面涂饰的，例如木器涂饰时可能要进行诸如漂白、修整树脂囊、去木毛、去单宁等，是墙面涂饰时根本不会涉及的。

就涂膜的结构来说，有些木器涂膜的结构也是完全不同于墙面涂膜的，这也是造成木器涂饰差别的原因。例如，很多木器具有天然美丽的木质纹理，是人们追求自然美时的首要选择，因而涂饰时要将这种美丽的木纹显露出来，这种情况下只使用木材着色剂（例如水性着色剂、油性着色剂、酒精性着色剂、不起毛刺着色剂、颜料着色剂和染料着色剂等）对木器进行着色，然后再进行清漆罩光等。

就涂饰时物件的形状来说，木器涂饰时多涉及复杂的形状（例如建筑涂装中常见的门窗），这种特定情况就要求使用刷涂方法为主，使用的涂饰工具则是以刷毛较硬的漆刷为主。木器涂饰中虽然也可能使用喷涂方法涂饰，但基本上不使用滚涂涂饰方法。

就涂饰时可能遇到的环境条件来说，木器涂饰往往是在室内进行，所遇到的环境条件比之墙面涂饰要好，而且在特殊情况下有时还可以人工的创造或者改善施工环境，例如升高或者降低涂饰的环境温度，对涂饰环境进行封闭处理，以防灰尘对湿涂膜的污染和防止大风对湿涂膜的不利影响等。

此外，木器涂饰所要求的涂膜效果有很多完全不同于墙面。木器涂膜往往要求细腻、光亮（也有个别要求无光涂膜）。像墙面使用的复层、砂壁状等质地粗犷、质感强的涂料在目前的木器涂饰中是没有使用的。木器涂饰的另一个特征还在于美术涂饰，即当木材的颜色或纹理不好时，采用色漆进行涂饰，将底材完全遮盖住。为了涂膜的美观性，常常采用特殊的涂饰方法，能够得到逼真的人造木纹。在建筑涂饰中，应用于木器涂饰的色漆常常称为溶剂型混色涂料。

1.1.2 木质基层的处理

木质基层的处理因涂饰涂料的种类不同，木材本身材质的不同，所需要进行的基层处理也不相同。可能遇到的处理种类有因木材本身的特性而需要进行的修整树脂囊、修整木材的节疤、漂白、清洗、去污等处理，有因后期原因而需要进行的除油污、补钉眼和修补凹凸不平等，下面介绍常见的木质基层的处理方法。

(1) 凹凸不平

1) 可能产生的问题

表面凹凸不平，影响涂膜的表观质量；或者需要批嵌较厚的腻子而影响涂膜的力学性能。

2) 处理方法

可以采用机械或手工进行刨平，然后打磨。首先将两块新砂纸的表面相互摩擦，以去除偶然存在的粗砂粒，然后再进行打磨。打磨的工具可用一小块 200mm×5mm×20mm 的长软木板制成，板面胶粘上软的法兰绒、羊皮毡、软橡胶或泡沫塑料均可，然后裹上砂纸。打磨时用力要均匀一致，打磨完再用抹布擦净木屑等。

(2) 树脂囊和节疤

1) 可能产生的问题

树脂囊即脂囊（又名油眼），是木材年轮中间充满树脂的条状沟槽；节疤是树木的分支在干枝上留下的疤痕。各种树种中，以松木含树脂最多。树脂囊中的树脂，流到木材表面，使木材污染；树脂能渗入漆膜中溶解漆膜，即所谓咬透漆膜，使漆膜不干，树脂冲淡漆膜后，使漆膜变色；木装饰中的树脂囊和节疤，减少木材的断面，降低木材的强度，并使木材难于胶合，使木材不能作为嵌面材料。

2) 处理方法

对于大的树脂囊和节疤，可用木材镶补；小的用腻子嵌补。为防止树脂囊和节疤中渗出树脂，在刮去表面的树脂后，用酒精清洗，并刷漆片酒精液，使其封闭，以防止以后再有树脂渗出。

(3) 松节油脂

1) 可能产生的问题

有些木材，如松木等含有松节油，是油类的良好溶剂，能溶解腻子中的油分，使底层腻子不牢，影响着色；它也能溶解涂料中的油分，破坏漆膜，使漆膜无光泽。在松节油多的部位，甚至可造成局部木装饰既无腻子，又无漆膜。不但严重破坏了涂料的装饰效果，而且减弱了涂料对木装饰的保护作用。

有松节油的木材，因油和水不能均匀混合，所以，不能刮含水的腻子和用含水的水溶性染料上底色。否则腻子不能牢固地和木器底材结合，并有可能导致其后涂装的涂层开裂脱落，颜色也不均匀。木材中的松节油，以不同的树种而论，松木最多。以同一树种论，在木节和受过伤的地方最多。因为松节油在木材中不是均匀分布的，所以，凡有松节油的木材，如果不先清洗而刮腻子、上底色和涂漆，就会出现不均匀的局部腻子脱落，底色发花，漆膜不牢，遮盖力差等弊病。在木材出松节油多的木节和伤痕处，甚至既无腻子，又无底色，也无漆膜。使木装饰非常难看，影响装饰效果。

2）处理方法

可以采用清洗的方法去除松节油。清洗时，先用丙酮等溶剂，将木材的松节油溶解。也可用碱水泡洗，使碱水和松节油起皂化作用，然后用清水冲洗。丙酮溶液清洗效果良好，但挥发快、易干、且易着火、不安全、价格贵、有污染。工程上可用5％～6％的碳酸钠水溶液，或4％～5％的苛性钠（火碱）水溶液清洗。如用80％的苛性钠水溶液与20％的丙酮溶液混合使用，清洗快而安全，效果良好，价格也较便宜。用其他可以溶解松节油的溶剂，也可清洗需涂漆的木装饰，但必须符合使用方便、无损坏木材或影响漆膜色泽的副作用、安全和价格便宜等条件。此外，涂装本色或浅色涂料时，应使用丙酮溶液脱脂，因碳酸钠水溶液会使木材变黄；漆深色涂料时，应使用碳酸钠溶液脱脂，因碳酸钠水溶液在操作时比较安全。

（4）底材的颜色、纹理、质地等差异大

1）可能产生的问题

木材品种很多，颜色、纹理、质地都不一样，即使是同一种树，其横断面的颜色也不相同：芯材的颜色深，边材颜色浅；有木节处一般颜色深，无木节处颜色浅；春材在横断面上色浅，夏材呈深色。不同的树种，年轮上春材夏材距离宽窄不同，即呈现年轮间距不同。例如，刺槐、泡桐的年轮，可近1cm；檀木的年轮很小，目力勉强可分辨。有的木材，颜色纹理优美；有些木材，不但纹理不美，颜色晦暗，而且深浅差别不匀，并有色斑。如果颜色纹理不美的树木，用浅色涂料作装饰，质量很差。因为刮腻子，底色和涂漆，都不能遮掩其"丑"。

2）处理方法

可以采用漂白的方法进行处理。一般使用15％的双氧水，或3％的次氯酸钠水溶液，把木材漂白，使颜色均匀。这样就能消除木材的原有颜色，看不到颜色的深浅和色斑，可以染色成瑰丽美观的木装饰；或者把普通外观较差的树种，漆成名贵树种的纹理和颜色，如漆成紫檀、红木、水曲柳等，取得良好的装饰效果。

（5）污迹

1）可能产生的问题

木件表面上沾染的胶痕、油渍或其他污迹，会影响涂料的干燥及附着力以及影响浅色漆的遮盖力等。

2）处理方法

可以用细刨刀刨，用砂纸打磨等；在榫眼及各种胶合处残留的胶要用刮刀刮净。

(6) 单宁

1) 可能产生的问题

由于单宁溶于水以及丙酮、乙醇等许多溶剂，因而会在涂料中溶剂的作用下从木材中溶解出来，并能渗透到漆膜表面，影响漆膜的外观。在用染料对木材进行染色时，会使表面颜色发花，或者改变染料的颜色。

2) 处理方法

将木件放在水中蒸煮，可以使木材中的单宁溶解在水中而去除，但比较麻烦。较简单的方法是在表面涂刷一层用溶剂稀释1~2倍的清漆，将表面封闭，这样染料就不能与木材中的单宁直接接触了。

(7) 木毛

1) 可能产生的问题

影响涂料涂装前的表面处理和涂料的涂饰，使涂装面显得很粗糙或者很毛糙，影响漆膜的光泽，降低涂膜的装饰效果和质量等级。

2) 处理方法

取适量的建筑胶水或者骨胶溶液，加入2~3倍重量的水稀释均匀，用清洁抹布蘸上述稀释液擦拭待涂饰面的有木毛处，使木毛吸收有胶分的水而膨胀竖起，待干燥后木毛即发脆，可以很容易地用细砂纸磨光。

(8) 漂白

对于浅色、本色的中、高级透明油漆涂料的涂饰，应采用漂白的方法先将木器表层的色斑和其他不均匀的颜色消除。可以对整个木器表面进行漂白，也可以对局部色深的木材进行漂白。木器漂白的方法很多，用同一种漂白剂漂白不同材质的木材时可能会得到不同的效果，不同漂白剂的漂白效果也不一样。下面介绍一些漂白木材的方法，实际中可以根据木材处理情况和所具备的条件选用。

1) 用双氧水和氨水的混合物漂白

(a) 漂白剂组成：该种方法的漂白剂是浓度为30%的双氧水和浓度为25%的氨水的混合物，混合物的浓度为双氧水：氨水：水＝1：0.2：1。

(b) 漂白方法：如果是单板，则可将单板完全浸入混合液中进行漂白。如果在整个板面上进行漂白，则可将溶液涂刷在木材表面上，待表面的白度达到要求时，再用清洁的湿抹布将表面的漂白剂擦拭干净。如果是局部漂白，为了提高漂白效果，可以使用一小团清洁的棉纱团，浸透漂白液后压在待漂白的表面，在达到漂白要求之前，始终保持该棉纱团中有漂白剂。木材漂白如果一次脱色不行，可以重复进行二三次，此种漂白剂对柚木、水曲柳的漂白效果都很好。

2) 用氢氧化钠加双氧水进行漂白

(a) 使用的漂白材料：氢氧化钠、双氧水。

(b) 漂白方法：将浓度为5%左右的氢氧化钠水溶液涂在木材表面，经过0.5h左右，再涂上双氧水，处理完毕后用水擦拭木材表面，并用弱酸（如1.2%左右的醋酸或草酸）溶液与氢氧化钠中和，再用水擦拭干净。

3) 用草酸和硫代硫酸钠进行漂白

(a) 使用的漂白材料：草酸、硫代硫酸钠和硼砂等。

(b) 漂白方法：先配制三种溶液，在 1000ml 水中溶解约 75g 结晶草酸得到草酸溶液；在 1000ml 水中溶解约 75g 结晶硫代硫酸钠得到硫代硫酸钠溶液；在 1000ml 水中溶解约 24.5g 结晶硼砂得到硼砂溶液。配制这几种溶液时，用蒸馏水加热至 70℃ 左右，在不断的搅拌下，将事先称量好的药品放入水中，直至完全溶解，待溶液冷却后再用。使用时，先把草酸溶液涂在木材上，约 4～5min 待其稍干后，再涂上第二种溶液，等待干燥和木材变白。如果涂一次木材的颜色尚未达到需要的白度，可以重复上述操作过程。如局部的漂白程度不够，则可以局部重涂，待木材颜色达到预期要求后，再涂第三种硼砂溶液使木材表面润湿即可。漂白后，用干净的清水洗涤，再擦干表面，并彻底干燥。

4) 用亚硫酸氢钠漂白

(a) 使用的漂白材料：亚硫酸氢钠、高锰酸钾。

(b) 漂白方法：先配制两种溶液，把亚硫酸氢钠配制成饱和溶液，在 1000ml 水中溶解 6.3g 结晶高锰酸钾的稀高锰酸钾溶液。漂白时，先将高锰酸钾溶液涂刷在木材表面上，约 4～5min 待其稍干后，再涂上亚硫酸氢钠溶液。重复上述操作，直至木材变白。

5) 用碳酸钾等漂白

(a) 使用的漂白材料：碳酸钠、碳酸钾等。

(b) 漂白方法：先配制 5% 碳酸钠和碳酸钾的 1∶1 混合溶液，再加入 50g 漂白粉，用此溶液涂刷木材表面，待漂白后用 2% 的肥皂水或稀盐酸溶液清洗被漂白的表面。对于既需要漂白、又需要去脂的木材，该法效果很好。

6) 用漂白粉漂白

(a) 使用的漂白剂：漂白粉、碳酸钾。

(b) 漂白方法：先配成由 10g 漂白粉、25g 碳酸钾和 1L 水组成的溶液，将需要漂白的木制小零件先用碱水洗涤后，放入预配制的溶液中浸泡 1～1.5h，然后用清水和浓度为 5g/L 的稀盐酸洗净零件表面。

7) 用次氯酸钠漂白

(a) 使用的漂白剂：次氯酸钠、冰醋酸。

(b) 漂白方法：将次氯酸钠 30g 溶解于 1L 温度为 70℃ 的水中得到次氯酸钠溶液，用这种溶液涂刷木材表面，紧接着再将已经加热到 60～70℃ 的冰醋酸溶液涂刷到木材上，并重复操作直至木材变白为止。如果不涂刷冰醋酸溶液，则只要增加次氯酸钠的分量（即 1L 温水中加 50g 次氯酸钠），也能够达到同样的效果。

8) 用双氧水漂白

(a) 使用的漂白材料：无水碳酸钙、双氧水。

(b) 漂白方法：先配制两种溶液，一是无水碳酸钙 10g 加入 50℃ 温水 60g；二是 80ml 浓度为 35% 的双氧水溶液中加入 20mL 水。漂白时，先在木材表面上均匀的涂刷第一种溶液，充分浸透约 5min 后，用棉纱头和布擦除渗到木材表面的渗出液。然后，直接涂刷第二种溶液，需要进行 3h 以上的干燥，有时还需要干燥 18～24h。

9) 用硫磺脱色法漂白

(a) 使用的漂白剂：硫磺。

(b) 漂白方法：用二氧化硫气体脱色，此法一般用于经过雕刻和烫花的木器，脱色时将木器放入密闭室内，在室内燃烧硫磺，利用发生的二氧化硫气体进行脱色。

在进行木材漂白操作时有些问题需要予以注意：

a) 漂白剂多属于强氧化剂，储藏与使用时应注意其腐蚀性。不同的漂白剂不能够随意混合使用，否则可能引起燃烧或爆炸。

b) 配制好的漂白剂溶液只能储存在玻璃或陶瓷容器里，不能放入金属容器里，否则可能和金属发生反应，不但不能漂白木材，还可能使木材染色。

c) 配制好的漂白剂溶液要避光，放置也不能过久，否则易变质。

d) 多数漂白剂对人体与皮肤有腐蚀性，因此操作时应注意保护皮肤和衣服，更不能沾染眼睛，如果溅到皮肤上，应使用大量清水彻底清洗干净，并擦涂硼酸软膏。

e) 漂白胶合板时应注意勿使漂白剂溶液流到胶合板的端头，以防胶合板脱胶。

f) 用剩的漂白剂不能倒回未用的漂白液中。

g) 漂白剂易引起木毛，因此漂白完毕，待木材干燥后应用砂纸轻轻砂磨光滑。

h) 应该知道，有些木材如水曲柳、麻粟、楸木、桦木、冬青、木兰、柞木等是比较容易漂白的，但有些木材如椴木、樱桃、黑檀、白杨、花梨木等的漂白则很困难，而红杉、青松、红木和云杉等则是不能漂白的。

1.1.3 木质涂饰物面效果的分类

对涂膜装饰效果以及各种理化性能的要求是因涂饰对象而变化的，因为需要涂饰的物件很少是孤立存在的，而是处于一定的环境之中，或和环境中的某些物品相联系。按照不同的分类方法对涂膜进行分类能够得到不同的类别。例如：把以装饰为主要目的的涂层一般分类为一级、二级、三级三种；在国家建工行业标准《建筑涂饰工程施工及验收规程》(JGJ/T 29—2003) 中把涂料工程分为普通级、中级和高级三个等级等。本单元所介绍的木质基层的涂装，以家具和某些木质建筑构件的涂饰为主，对于这类涂饰，常常按照涂饰的最终物面效果来进行分类，按照该种分类方法可以分为六类。

(1) 一类透明系列

1) 涂膜特征

该类涂饰能够显示木材本身的自然花纹，按照颜色又可以分为有色和原木色，按照光泽又可以分为高光、亮光和亚光等。这类涂饰基层所选用的木材以阔叶树木如水曲柳、榆木、柚木、柞木等粗孔材和有些阔叶树如桦木、榉木和椴木等细孔材为好。因为这些木材的管孔所形成的花纹，能够赋予木器涂饰后千姿百态的自然美，装饰性很强。

2) 颜色和光泽

有色和原木色。其中有色又分为高光、亮光和亚光三种；原木色也分为高光、亮光和亚光三种。

3) 应用范围

高档家具和其他高档木器，例如乐器、家用电器和体育用品等。

(2) 二类色漆系列

1) 涂膜特征

该类涂饰为色漆（不透明）系列物面效果涂饰，系以涂料本身颜色涂饰遮盖而不透出木材底纹和颜色的涂膜饰面。

2) 颜色和光泽

有色，光泽有高光、亮光、亚光和无光等多种。

3) 应用范围

常见的办公器具、家具、课桌、椅等。

(3) 三类金属闪光系列

1) 涂膜特征

该类涂饰为金属闪光系列物面效果装饰，是以涂料本身颜色涂饰遮盖而不透出木材底纹和颜色，并同时显现金属闪烁效果为特征的涂膜饰面。

2) 颜色和光泽

有色、高光泽。

3) 应用范围

高档家具和其他高档木器，例如乐器、家用电器和体育用品等。

(4) 四类珠光系列

1) 涂膜特征

该类涂饰为珠光系列物面效果涂饰，系以涂料本身颜色涂饰遮盖而不透出木材底纹和颜色，并同时显现珍珠般的珠光灿烂效果为特征的涂膜饰面。

2) 颜色和光泽

有色，高光和亚光。

3) 应用范围

高档家具和其他高档木器，例如乐器、家用电器等。

(5) 五类真石漆系列

1) 涂膜特征

该类涂饰为真石漆系列物面效果涂饰，是以涂料本身颜色涂饰遮盖而不透出木材底纹和颜色，并同时显现大理石或花岗石的富丽豪华、图案奇特等效果为特征的涂膜饰面。

2) 颜色和光泽

有色，高光和亚光。

3) 应用范围

高档家具和其他高档木器。

(6) 六类表面模拟系列

1) 涂膜特征

该类涂饰为模拟木纹等系列物面效果涂饰，是通过一定的涂装工艺而模拟木材或其他的装饰效果，涂膜能够遮盖而不透出木材底纹和颜色。

2) 颜色和光泽

有色，高光和亚光。

3) 应用范围

一般家具、办公物品等。

1.2 油漆的调配

市场上原桶盛装的油漆，不能直接使用，需按涂饰工程的设计要求和施工条件，经过适当的调配，使颜色、稠度、成膜快慢等性质满足工程的要求。调配技术水平的高低，直接影响工程的质量和速度，应予充分注意。

1.2.1 调合漆颜色的调配

在了解了色彩的基本知识后,主要靠施工经验,并与样板进行对照,识别样板的颜色是由哪几种原色组成,各原色比例大致多少,用的是哪类油漆和涂层厚度等。然后用同品种的油漆进行试配,作出小样板,经客户认为满意后,可大致计算出各种颜色涂料的用量。如是按文字要求进行调配,灵活性就较大,重点掌握主题颜色,再配以其他合适的颜色。

(1)调合漆常用配比

见表 4-1 所示。

复色漆(调合漆)配比　　　　　表 4-1

配比(%) 色相	红	黄	蓝	白	黑
粉红	3	—	—	97	—
桔红	9	91	—	—	—
枣红	71	24	—	—	5
淡棕	20	70	—	—	10
铁红	72	16	—	—	12
栗色	72	11	14	—	3
鸡蛋色	1	9	—	90	—
淡紫	2	—	1	97	—
紫红	93	—	7	—	—
深棕	67	—	—	—	33
国防绿	8	60	9	13	10
褐绿	—	66	2	—	32
解放绿	27	23	41	8	1
茶绿	—	56	20	—	24
灰绿	—	11	8	70	11
蓝灰	—	—	13	73	14
奶油色	1	4	—	95	—
乳黄	—	9	—	91	—
沙黄	1	8	—	89	2
浅灰绿	—	6	2	90	2
淡豆绿	—	8	2	90	—
豆绿	—	10	3	87	—
淡青绿	—	20	10	70	—
葱心绿	—	92	8	—	—
冰蓝	—	2.5	1	96.5	—
天蓝	—	—	5	95	—
湖绿	—	6	3	91	—
浅灰	—	—	1	95	4
中灰	—	—	1	90	9

(2) 配色的要点

1) 配色时以用量大、着色力小的颜色为主，称主色；着色力强，用量小的颜色为次色和副色。调配时要徐徐将次色、副色加入主色中，并不断地搅拌、观察，直到调到所需的颜色。而不能相反，将主色加到次色和副色中去。

2) 对不同类型、厂家的产品，在未了解其成分、性能之前不要互相调兑。原则上只有在同一品种和型号之间才能调配，以免互相反应，轻则影响质量，重则造成报废。

3) 加不同分量的白色，可将原色和复色冲淡，得到纯度不同的颜色。加入不同分量的黑色，则得到明度不同的颜色。

4) 配色时，要考虑到各种涂料湿时颜色较浅、干后颜色转深的规律。因此，配色时，湿涂料的颜色要比样板上的涂料颜色略淡一些。最后的对比结果，须待新样板干透后才能确定。

5) 调色过程中，各容器、搅棒要干净、无色。各桶的备用料要上下搅匀，并保持原桶的稠度。

6) 含浮色较重的色漆和木器的清漆拼色，其颜色的深浅程度都与施工有关。浮色轻与重取决于色漆的稠度，漆稠的浮色浮的轻，漆稀的浮色浮的重。清漆的基底色白，用色要重；基底色重，用色要轻。

7) 如果在冬天调配调合漆，因气温低需加催干剂时，应先把催干剂加入再开始调配，否则会影响色调。

1.2.2 常用油漆品种的调配

(1) 配清油

自配清油与工厂的成品清油不同，工厂成品清油是干性油熬炼而成，而自配清油是以熟桐油为主，经稀释（冬季还要加催干剂）而成，主要用于木材打底。调配时，根据清油所需的稠度和颜色，将一定数量的颜料、熟桐油、松香水（或汽油）拌和在一起，用80目的铜丝罗过滤后即可使用。一般的配合比为熟桐油：松香水＝1：2.5。如在夏天高温时使用，则清油内的稀料蒸发快，易变稠使表面结皮，这时在清油中加些鱼油（即工厂成品清油）即可避免，既节约材料又容易涂刷。

(2) 配铅油

即配厚漆。根据配合比见表4-2所示。将工厂成品清油的全部用量加2/3用量的松香水调成混合油。再从漆桶中将铅油挖出放在干净的铁桶内，倒入少量的混合油充分搅拌，直至铅油没有疙瘩，全部溶解，待与铅油充分搅拌均匀后，再把全部的混合油逐渐加入搅拌均匀。这时可加入熟桐油（冬季用油尚须加入催干剂），并用100目铜丝罗过滤，再将剩下的1/3用量的松香水，洗净工具铁桶后掺入铅油内即成。然后刷好试样，用纸覆盖在调好的铅油面上备用。如铅油是几种颜色调配成的，要先把几色铅油稍加混合油，配成要求颜色后，再加混合油搅拌。如用铅粉或锌钡白配铅油，要把铅粉或锌钡白加入清油用力搅拌成面团状，隔1~2d使清油充分浸透粉质，类似厚糊状后才能再调配成各色铅油。

表4-2所示第二栏为配有光、平光、无光三种厚漆的各种比例，可见配制的比例上有些差别。因无光油是在最后面层上涂刷的，其目的是为了使刷后的漆膜完全无光，所以它的稀释剂用量较多，而油料用量相应减少。但稀释剂多了漆就容易沉淀，时间长了沉淀物还会发硬结块，即使经过充分搅拌，涂刷后漆膜仍难免产生粗糙不匀和发花现象，故配无

光油时须注意到需用时才调配。如用量不多,可一次配成即用;需要量大,则要准确记录多种材料的分量而逐次调配,以保证颜色一致,而且配好后要密封贮藏,防止稀释剂挥发影响质量。

各种厚漆调稀的配比　　　　　　　　　　　　　　　　　　表 4-2

配料名称	光度区别	百分数(%)						备注
		调配厚漆	清油	松香水	清漆	熟桐油	催干剂 G-8	
白厚漆	有光	60	30	0.2	6.8		2	锌白
	平光	62	18	12	5		2	
	无光	65	5	25	1.5	0.5	2	
黄厚漆	有光	60	29	0.2	6.8		3	
	平光	62	20	10	4		3	
	无光	64	5	24.5	2	0.5	3	
紫红厚漆	有光	56	34	0.5	5.5		3	
	平光	58	20	13	5		3	
	无光	60	5	28.5	2	1	3	
黑厚漆	有光	56	30	0.2	8.8		3	
	平光	58	21	13	5		3	
	无光	60	5	28.5	2	1	3	
绿厚漆	有光	60	29	0.2	6.8		3	
	平光	62	20	10	4		3	
	无光	64	5	24.5	2	0.5	3	
蓝厚漆	有光	56	30	0.2	8.8		3	
	平光	58	20	13	5		2.5	
	无光	60	5	27.5	3	1	2.5	
红厚漆	有光	56	30	0.5	8.5		3	
	平光	58	20	13	4		3	
	无光	60	5	27.5	3	0.5	2.5	

注:在 18~23℃时,干燥时间为 8h,催干剂用量一般为 2%~3%,根据地区和季节可酌量增减。

1.2.3 溶漆片

即配虫胶清漆,过程比较简单,只要将虫胶漆片放入酒精中溶解即可,不能相反,因为这样会使表层的漆片被酒精粘结成块,影响溶解速度。漆片应是散状的,在溶解过程中要经常搅拌,防止漆片沉积在容器底部。溶解的时间取决于漆片的破碎程度与搅拌情况。随配制总量的增加,漆片完全溶解可能需要较长时间,根据虫胶漆片质量的优劣,在一般情况下需浸泡 12h。此时应坚持常温溶解,不宜加热,以免造成胶凝变质。漆片溶液遇铁会发生化学反应,而使溶液颜色变深。因此,溶解漆片的容器及搅拌器都不能用铁的,应采用瓷、塑料、搪瓷等制品。

漆片溶好后应密封保存,防止灰尘、污物落入及酒精挥发,用前可用纱布过滤。存放时间不要超过半年,否则会变质。配漆片的参考配合比为干漆片:酒精=0.2~0.25:1

（用排笔刷），如揩用为 0.15～0.17∶1，用于上色（酒色）为 0.1～0.12∶1（均为重量比）。

虫胶清漆的漆膜干燥缓慢，色深发黏。如加少量硝基清漆，可配成虫胶硝基混合清漆，这种漆流动性好，易揩擦，较硝基漆干燥快、填孔性好，更容易砂磨，并能提高光泽。其配比为 35％的虫胶漆∶20％的硝基漆∶酒精＝2∶1∶3（体积比）。虫胶清漆有时干燥太快，涂刷不便，这时可加几滴杏仁油。

1.2.4　配丙烯酸木器漆

使用时按规定以组分甲（丙烯酸聚酯和促进剂环烷酸钴、锌的甲苯溶液）1 份和组分乙（丙烯酸改性醇酸树脂和催化剂过氧化苯甲酰的二甲苯溶液）1.5 份调和均匀，以二甲苯调整黏度，使用多少配多少，随用随配，有效使用时间：20～27℃时为 4～5h，28～35℃时为 3h，时间过长就会胶化。

1.2.5　自配防锈漆

除用市售防锈漆外，也可自配防锈漆，比例为红丹粉 50％，清漆 20％，松香水 15％，鱼油 15％，不能掺合光油调配，否则红丹粉在 24h 内会变质。

1.2.6　配金粉漆、银粉漆

银粉有银粉膏和银粉面两种，加入清漆后即成银粉漆。配制比例为银粉面或银粉膏∶汽油∶清漆∶喷漆为 1∶5∶3，刷漆为 1∶4∶3。配好的银粉漆要在 24h 内用完，否则会变质呈灰色。

金粉漆用金粉（黄铜粉末）与清漆调配而成，配制比例、方法与银粉漆相同。

1.2.7　自配无光调合漆

各色无光调合漆又名香水油、平光调合漆，常用于室内高级装饰工程，如医院、学校、戏院、办公室、卧室等处的涂刷，能使室内的光线柔和。自制无光漆的配合比为钛白粉 40％，光油 15％，鱼油 5％。当施工环境温度为 30～35℃时，往往由于干燥太快，造成色泽不一致，此时，可加入煤油 10％～15％，松香水 30％～35％。

1.2.8　配润粉（填孔腻子）

润粉分水性粉和油性粉两类，用于高级建筑物及家具的油漆工序中，其作用为使粉料擦入硬杂木的棕眼内，使木材棕眼平、木纹清。

（1）调配水性粉

先将老粉和水放入容器内混合搅拌成糊状，随后再陆续加入其他颜料拌匀。被涂木材属粗孔性时，水性粉可调得稠厚些，但太稠不易涂擦；被涂木材属细孔性时，水性粉可调得稀些。对于水性粉来说，因其中加入颜料后着色力较强，揩擦是用不带色棉纱或毛巾进行的，揩擦时要仔细，先轻后重使表面颜色均匀，尤其是在接口和榫接合处不能因润粉不均造成颜色深浅不一，所以细小处要随涂随擦，大面处要快涂快擦，一个面应一次擦完，不能分两次或几次擦完。常用水性润粉着色腻子配比见表 4-3 所示。

（2）调配油性粉

先将清油或油性清漆和老粉调合，并用松香水稀释，再加入颜料调匀而成。对于油性润粉的操作和水性粉相同，不过应在涂擦中来回反复揩擦，擦满大面和所有线、角，要使油性粉擦满棕眼覆盖凹纹，经过油性润粉同样应保持表面色泽一致，涂擦过后应立即将残留在表面的浮粉擦掉。常用油性润粉着色腻子配比见表 4-4 所示。

常用水性润粉着色腻子配比（质量比） 表 4-3

原料	浅柚木色	荔枝色	栗子色	红木色	蟹青色	地板黄	木器本色	浅橙色
老粉	55	55	50	55	47.6	50	57	55
滑石粉	14	15	20	15	21	20	22	20
水	25	23	18	20	30	15	20.6	20
氧化铁红	0.15	1.8	1.6	3.5	0.4	1	0.1	3.0
氧化铁黄	0.15	0.2	0.4	0.2	0.4	14	0.3	2.0
黑墨汁	0.2	—	5.6	4.8	0.6	—	—	—
哈巴粉	5.5	5.0	4.4	1.5	—	—	—	—

注：为增加胶粘性，表中各色腻子可外加 5%～10% 质量份的 30% 牛皮胶液或其他水性胶粘剂（如白胶）。

常用油性润粉着色腻子配比（质量比） 表 4-4

原　料	淡木色	浅桃红	淡黄色	浅棕色	咖啡色
老粉	74	72	71	77	70
200 号溶剂汽油	9	9	10	6	11
煤油	9	9	10	6	10.8
酯胶或醇酸清漆	6	6	7.5	7	6.5
锌钡白	1.5	—	—	—	—
氧化铁黄	0.5	0.5	1.3	0.5	—
氧化铁红	—	3	0.1	—	1.5
哈巴粉	—	0.5	0.1	3.35	—
黑墨汁	—	—	—	0.15	0.2

1.3 稀释剂的选用及油漆黏度的调配

新买来的油漆在商店大多放置了一段时间，油漆中的颜料一般都发生沉淀（清漆当然没有这种现象，但放置时间长会增稠）。使用前最好将漆桶倒置过来，放上一两天，使沉淀的颜料松动，然后再开桶搅拌，使漆料和颜料调合均匀。如果有颗粒或漆皮，要用过滤网过滤。油漆的黏度若合适就可以使用了。

1.3.1 稀释注意事项

(1) 稀释剂分量不宜超过漆重的 20%。若超过 20%，会使油漆过稀（黏度过小），涂饰时容易产生流淌、露底的毛病，又因漆膜过薄会降低漆膜的性能。

(2) 如是自己用碱性颜料（如红丹、氧化锌等）和酸性高的清漆（如松香衍生物制成的油基清漆）调制的防锈底漆，要当即使用，不可久放。否则油漆会出现猪肝般的结块而影响使用。

(3) 色漆中如果颜料过多，比较黏稠不便使用时，应加入相同品种的清漆调匀，尽量少加稀释剂，否则会影响漆膜的性能。当连续涂饰几道色漆时，应将前一道色漆的颜色调得稍微浅些，这样在涂饰下一道色漆时，能及时发现是否有漏刷的地方，便于保证涂饰质量。

(4) 调油漆黏度的稀释剂最好用规定的配套品种。例如油性漆应用松节油，油基漆应用松香水，虫胶漆用酒精，硝基漆用香蕉水等，不能随便兑其他稀释剂。比如在油性漆或油基漆中如果加入香蕉水，漆料就会呈现脑状而报废。同样的原因，各油漆厂生产的油漆，在没有摸清它的用途性能之前，都不可随便掺兑，以避免发生变质报废现象。

1.3.2 稀释剂的选用

稀释剂是用各种溶剂，根据溶解力，考虑挥发速度和对漆膜的影响等情况而配制的，所以使用时必须选择合适的稀释剂。对于不同类型的漆，究竟采用哪种稀释剂比较合适，需要根据漆中所含的成膜物质的性质而定。

各种漆所用稀释剂举例说明如下。

(1) 油基漆

如清油、各色厚漆、各色油性调合漆、红丹油性防锈漆等，一般采用200号溶剂汽油或松节油作稀释剂。如漆中树脂含量高或油含量低，就需将两者以一定比例配合使用，或加点芳香烃溶剂，如二甲苯。

在油漆工艺中，为表示油漆品种中树脂和油料的相对含量的多少，常使用长油度、中油度和短油度的术语。在油基漆中，树脂：油＝1：2以下为短油度，1：2～3为中油度，1：3以上为长油度。

(2) 醇酸树脂漆

如醇酸清漆、醇酸磁漆、铁红醇酸底漆等。醇酸树脂漆的稀释剂，一般长油度的可用200号溶剂汽油，中油度的可用200号溶剂汽油与二甲苯的1：1混合物，短油度的可用二甲苯。X—4醇酸漆稀释剂不但可用来稀释醇酸漆，也可用来稀释油基漆。

(3) 硝基漆

如硝基外用清漆、硝基木器清漆、各色硝基磁漆等。硝基漆的稀释剂一般采用香蕉水（因成分中含有醋酸戊酯的香味而得名），如X—1、X—2等均是，它们由酯、酮、醇和芳香烃类溶剂组成，配比见表4-5所示。

硝基漆稀释剂（质量比） 表4-5

配比 组分	(1)	(2)	(3)
醋酸丁酯	25	18	20
醋酸乙酯	18	14	20
丙酮	2	—	—
丁醇	10	10	16
甲苯	45	50	44
酒精	—	8	—

(4) 沥青漆

稀释剂多用200号煤焦油溶剂、200号溶剂汽油、二甲苯。在沥青烘漆中有时添加少量煤油以改善流平性，有时也添加一些丁醇。

(5) 过氯乙烯漆

如过氯乙烯清漆、各色过氯乙烯磁漆，可用X—3或用酯、酮及苯类等混合溶剂作稀释剂,但不能用醇类溶剂。配比见表 4-6 所示。

过氯乙烯漆稀释剂(质量比) 表 4-6

组分\配比	(1)	(2)	组分\配比	(1)	(2)
醋酸丁酯	20	38	环己酮	5	—
丙酮	10	12	二甲苯	—	50
甲苯	65	—			

(6) 聚氨酯漆

如聚氨酯清漆、聚氨酯木器漆稀释剂 S—1,各色聚氨酯磁漆用二甲苯或用无水二甲苯及甲基与酮或酯的混合溶剂作稀释剂,但不能用带羟基的溶剂,如醇类。配比见表 4-7 所示。

聚氨酯漆稀释剂(质量比) 表 4-7

组分\配比	(1)	(2)
无水二甲苯	50	70
无水环己酮	50	20
无水醋酸丁酯	—	10

(7) 环氧漆

如铁红、铁黑、锌黄环氧底漆可用二甲苯作稀释剂,环氧清漆可用甲苯:丁醇:乙二醇乙醚=1:1:1 稀释,各色环氧磁漆可用甲苯:丁醇:乙二醇乙醚=7:2:1 作稀释剂。也可用由环己酮、二甲苯、丁醇等组成的稀释剂。配比见表 4-8 所示。

环氧漆稀释剂(质量比) 表 4-8

组分\配比	(1)	(2)	(3)
环己酮	10	—	—
丁醇	30	30	25
二甲苯	60	70	75

(8) 丙烯酸漆

如丙烯酸清漆、丙烯酸木器漆可以用 X—5,各色丙烯酸磁漆可用稀释剂 X—5、X—3。

以上各种稀释剂均系易燃危险品,要存放在空气流通、温度适宜的仓库中,并远离火源及热源,防止受强烈日光照射。

1.4 着色剂的调配

木材在做透明涂饰时,往往要对其染色。一是把一些普通的木材制作的木器通过染色仿制成珍贵木材的颜色,如松木、杉木、仿紫檀木、乌木。二是有些木材颜色、木纹都很好,但色调不均匀,如樟木、核桃木等,就可以调配水色和酒色来加以调整。

1.4.1 配水色

水色是专用在给显露木纹的清水油漆物面上色的一种涂料,因调配时使用的颜料能溶解于水，故名水色。水色因用料不同，有两种配法：一种是石性原料，如地板黄、黑烟子、红土子、栗色粉、深地板黄、氧化铁黄、氧化铁红等，要把颜料用开水泡至全部溶解，而后加入墨汁，搅成所需要的颜色，再加皮胶或猪血料水过滤后即可使用。要是不用墨汁，可用烟煤掺入皮胶再搅成黑色颜料使用。因石性颜料涂刷后物面上留有粉层，故需加皮胶或猪血料水增加附着力，配比为水65%～75%，水胶10%，红、黄、黑颜料15%～20%。另一种用品色颜料配水色，常用颜料有黄纳粉、黑纳粉、哈巴粉、品红、橙红、品绿、品紫等，因品色颜料溶解于水，而水温越高，越能溶解开，所以必须用开水浸泡，最好将泡好的颜料放在炉子上煮一下。这种水色是白木着色，水和颜料的比例要视木纹的情况而定。如木材是一个品种又很干净时，颜料的成分要适当减少。如木材品种较杂、颜色深浅不一还有污点斑迹时，就要增加颜料的比例，使上色后整个物面色泽一致。常用水色配比见表4-9所示。

常用水色配比（质量比） 表4-9

原料	淡柚木	柚木色	深柚木色	黄钠粉	黑钠粉	栗壳色	深红木色	古铜色
黄钠粉	3.5	4	3	16	—	13	—	5
黑钠粉	—	—	—	—	20	—	15	—
黑墨汁	1.5	2	5	4	—	24	18	15
开水	95	94	92	80	80	63	67	80

水色可用于白茬木器表面直接染色，也可以用于涂层着色，即在填孔着色并经虫胶漆封闭的涂层上涂刷水色。

水色容易调配，使用方便，干燥迅速。经水色着色后罩上清漆，涂层干后色泽艳丽，透明度高，色泽经久不变。水色是木器透明涂饰经常采用的着色方法，但直接着色于木材易引起木材的膨胀，产生浮毛，染色不匀，所以多用于涂层着色。

这里提醒初学者一点，水色必须彻底干燥以后再刷清漆罩面，否则会造成涂层发白、纹理模糊不清的现象。刷涂时要少回刷子，以免刷掉水色，造成颜色不匀。

1.4.2 配酒色

酒色就是染料的酒精溶液或虫胶漆溶液。调配酒色一般用碱性染料，因为碱性染料易溶于酒精。

酒色常用于如下两种情况：

一是木材表面经过水粉子填孔着色后，色泽与样板尚有差距，当不涂刷水色时，多采用涂刷酒色的方法来加强涂层的色调，以达到所要求的颜色；

二是在使用水色后，色泽仍没有达到要求者，也常采用酒色进行拼色。

涂饰酒色需要有比较熟练的技术。首先要根据涂层色泽与样板的差距，调配酒色的色调，染料与颜料的加入量没有规定的配方，完全根据色泽要求灵活掌握，色差大可多加，色差小则少加，一般要调配得淡一些，免得一旦刷深，不好再修饰。酒色常常需要连涂2～3次，每一次干透后，要用细砂纸轻磨一下后再涂下一次。由于涂膜渐渐加厚，颜色也渐渐加深，到最后一次涂刷完毕，应该是恰巧符合要求为最好。

酒色的应用也比较普遍，由于酒精挥发快，因此酒色涂层干燥快。刷涂酒色时，既着色同时又封闭、打底增厚涂层，因而简化了工艺，缩短了施工时间，有利于提高生产效率。

酒色的配制一般比例为虫胶∶酒精＝1∶5～1∶10。下面给出常用酒色的配比。

棕黄色：黄钠粉∶酸性黑∶酒精＝5∶3∶92；

棕红色：碱性品红∶黑钠粉∶酒精＝3∶2∶95；

橙黄色：块子金黄∶酒精＝3∶97；

橙红色：酸性橙∶酒精＝5∶95；

紫红色：碱性品红∶碱性品绿∶酒精＝4∶2∶94。

1.4.3 配水粉色

水粉色是不同于水色、酒色的一种颜料色浆（内含极少量的染料）。水粉色的调制方法很简单，就是把颜料和染料加入开水中泡开，放在火上稍炖一下，使颜料和染料充分掺和均匀和溶开。在调制时要适当加入一点皮胶液，以增加水粉色的粘结力，便于在水粉色层干透后罩清漆时不掉粉。

在水粉色层上制作图案：一般普、中级木器或旧家具翻新都可以用水粉色来制作图案。在经过底层处理的木器表面，经批刮腻子并达到表面平整光滑后，涂布上浅颜色的底漆（油性调合漆或油基磁漆均可），待干燥后，用细砂纸轻磨涂层，使漆膜表面造成一个极细的粗糙面，这样便于水粉色的附着。这时可用排笔或海绵块等工具把调制好的水粉色涂到漆膜上，注意涂饰均匀，然后即可用橡皮刮笔、气球等工具模拟木纹、画花鸟或小动物等图案或书法，也可在水粉色层干透后，用漏板漏擦图案或字样。即时画、写或是用漏板漏擦，都能显露底色，获得图案或字样与周围水粉色颜色相得益彰的制作层。待修饰满意后，在上面罩上清漆2～3道，就可呈现出图案新颖、色泽美丽、颜色和谐的涂饰层，比一般的不透明涂饰大大增强了装饰效果。

水粉色的使用范围很广，不但能用于各种木制品，还适用于金属、水泥等制品的表面装饰。有造诣的油漆工可以施展技艺，初学者也可以仿画简单纹理的木纹或请有绘画与书法基础的人画图案、写字后，自己制成漏板漏擦。就是要净纹的（即不要任何图案与字样），在涂过底漆的涂层上涂水粉色要比涂水色、酒色简便且效果好。因为在物面上经过批刮腻子、涂上底漆的底层上，上色容易均匀。特别是用微孔海绵块擦涂的水粉色，有极细的条纹，好似木材径切面上的直纹。如果水粉色色调和底层漆膜的色调配合和谐，罩上清漆后的成品，木器的一个板面就像是用一整块木材制作的一样。

1.4.4 配油色

油色是介于铅油和清油之间的一种油漆名称，可用红、黄、黑调合漆或铅油配制。用铅油刷后会把木纹盖住，清油刷后不能使底色色泽一致。而油色刷后能显出木纹、又能把各种不同颜色的木材变成一致的颜色。主要区别就在于调配时使用颜色铅油的用量多少。配合比为溶剂汽油50%～60%，清油8%，光油10%，红、黄、黑调合漆15%～20%，油色调法与配铅油基本相同，但要更细致些。可根据颜色组合的主次，先把主色铅油加入少量稀料充分调合，然后把次色、副色铅油逐渐加入主色油内搅和，直至配成所要求的颜色。如用粉质的石性颜料配油色，要在调配前用松香水把颜料充分浸泡后才能配色。油色内要少用鱼油，忌用煤油，因为鱼油干后漆膜硬度不好，打磨时容易破皮。煤油干后漆膜上有一层不干性的油雾，当清漆罩光后会产生一种像水滴在蜡纸上一样的现象，俗称"发笑"。油色一般用于中高档木家具，其颜色不及水色鲜明亮丽，且干燥慢，但在施工上比水色容易操作，因而适用于木制件的大面积施工。

1.5 木器涂饰基本操作技艺

使用溶剂型涂料进行木器的涂饰时有一些基本的操作技艺必须掌握，才能胜任涂饰工作。这些基本的技艺就是过去的油漆工所需要掌握的涂饰技术，下面简述几种涂饰技艺。

1.5.1 刷涂涂料

刷涂涂料就是用漆刷施工涂料，这里主要说明溶剂型涂料的施工操作方法。

刷漆之前，必须先将涂料调整到适当的黏度，一般以40~80s较好。刷漆操作是将漆刷蘸少许涂料，然后自上而下，自左至右，先里后外，先难后易，先斜后直，纵横涂刷。最后用毛刷轻轻修饰边缘棱角，使涂料在物面上形成一层薄而均匀，光亮、平滑的涂膜。刷漆操作的要求是不流、不挂、不皱、不漏、无刷痕。刷漆的自上而下，自左至右的操作通常也称为开油、横油、斜油和理油等4个步骤，见图4-1所示。

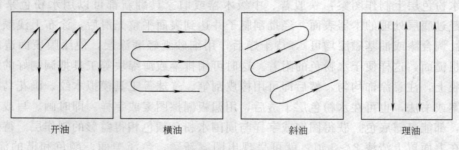

图4-1 刷漆的四种操作方法的顺序示意图

操作方法见表4-10所述。

刷漆的四种操作方法简述　　　　表4-10

方法	操作要点
开油	将漆刷蘸涂料，直接刷到被涂屋面上，刷大面积时，应使用大型号的漆刷，每条漆一般可间隔5cm左右
横油	涂上涂料后，漆刷不再蘸涂料，可将直条的涂料向横和斜的方向用力拉开刷涂均匀
斜油	顺着木纹进行斜刷，以刷除接痕
理油	待大面积刷涂均匀、刷涂完毕后，将漆刷上的余漆在漆桶边上刮干净，用漆刷的毛尖轻轻地在漆面上顺木纹理顺，并刷除边缘棱角上的流漆

1.5.2 仿制木纹

仿制木纹是在木器上涂饰色漆时较常用的特种涂饰技术。若仿制得形态自然，粗细轻重相应，则能够得到很好的装饰效果。这是过去溶剂型混色涂料涂饰木器最常用的方法。仿制木纹是指对珍贵的木材或者木纹美观的木材的纹理分布进行仿制。为了仿制逼真，就要在仿制涂装前对木材的色材纹理、分布特点和分布规律等进行仔细观察分析，掌握规律。此外，还要根据仿制对象制作一些适当的工具，见图4-2所示。

（1）用油色图画木纹

先用无光漆配制成象牙色或肉色，或预先设计的其他颜色的涂料，涂刷在已经清理平整的底层上。若没有无光漆，可用调合漆代替，待干燥后再用水砂纸磨掉光泽。然后刷深

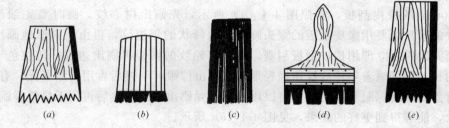

图 4-2 自制的仿制木纹工具示意图
(a) 橡皮刮刷;(b) 有缺口的羊毛排笔;(c) 竹片弹刷;
(d) 有缺口的漆刷;(e) 薄橡皮弹刷(用汽车内胎废橡皮制成)

色调合漆,要刷得薄而匀。一般应选择干燥较慢的涂料,容易操作。在涂料干燥前用干净的画木纹工具(如橡皮刮刷)在漆膜上刷出木纹。被划过或被刷过的地方即显现出底层深木色。只要构图好,仿制木纹仿制得像,就能够形成美观的假木纹,待干燥后再用清漆罩光,见图 4-3 所示两种仿制的木纹。

(2) 用水色图画木纹
有如下两种方法。

1) 用浅黄广告色 28g,大红广告色 2g,温水 30g 搅拌均匀,在做好的白色漆底层上薄刷一道,然后用大画笔顺物面中间参照图 4-4 (a) 先画出树心纹,再用干排笔或者用干长毛鬃刷顺树心纹两旁画出边纹,最后刷清漆 1~2 道。

2) 用褚褐广告色 30g,温水 30g 搅拌均匀,在做好的

图 4-3 仿制棕眼和毛孔
操作方法示意图

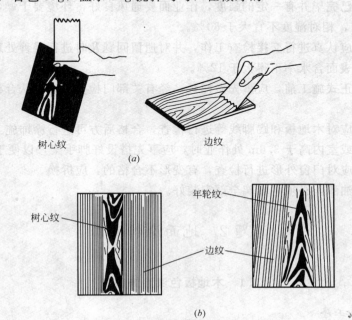

图 4-4 涂装时仿制假木纹示意图

黄色漆底层上薄刷一道，立即用厚 2~3mm，一头宽 20~25mm，另一头宽 40~50mm，长 60~80mm 的橡皮刮板，参照图 4-4（a）所示，先画出树心纹。画时要先细而后粗，在年轮纹的顶角处要用橡皮刮板的宽头画出呈山峰状的年轮纹，再由宽到窄地画出物面。年轮纹画完以后，立即用橡皮刮板刮刷，贴着年轮纹的两旁再刷出边纹。待纹色半干时，用干净的长毛鬃刷顺着年轮纹纹角轻轻地来回扫出棕眼，干燥后再用清漆罩光。有时在仿制木纹时需要呈现棕眼和细毛孔，可以用钢丝网弹刷出细点，然后再用干排笔弹刷成毛孔和棕眼状，能够得到更好的效果，见图 4-4（b）所示。

1.5.3 丝网法涂饰

丝网法涂饰也称丝网印刷涂饰。该法可以在胶合板、硬纸板等基材上涂饰成多种颜色的套版图案或文字。操作时，可以将已经刻印好的丝网筛（包括手工雕刻、感光膜或漆膜移转法等）平放在欲涂刮的表面，再用硬橡胶刮刀将涂料涂刮在丝网表面，使涂料渗透到下面，形成图案或文字。

1.6 施工主要工具与机具

1.6.1 基层处理工具、机具

砂纸、砂布、棉丝、擦布、铲刀、腻子刀、钢刮板、牛角刮刀、调料刀、油灰刀、刮刀、尖镘、高凳子、脚手板、安全带、腻子打磨机、地板磨光机等。

1.6.2 涂料涂饰工具、机具

棕刷、排笔、滤漆筛、提桶、掏子（掏刷门窗上下口不易涂刷部位的工具），小型机具设备有圆盘打磨器、喷枪和空气压缩机等。

1.7 施 工 条 件

（1）湿作业已完毕并有一定的强度，作业面要通风良好，环境要干燥，一般施工时温度不宜低于 10℃，相对湿度不宜大于 60%。

（2）操作前应认真进行交接检查工作，并对遗留问题及时进行妥善处理。

（3）木基层表面含水率不得大于 12%。

（4）大面积正式施工前，应事先做样板，经有关部门检查鉴定确认合格后，方可进行大面积施工。

（5）施工前应对木地板和踢脚线等进行检查，合格后方可进行涂饰施工。

（6）在室外或室内高于 3.6m 处作业时，应事先搭设好脚手架，以便于操作。

（7）施工前应对门窗外形进行检查，有变形不合格的，应拆换。

（8）刷末道油漆前必须将玻璃全部安装好。

课题 2　地面涂饰施工

2.1 木地板色漆涂饰施工

2.1.1 施工工序

木地板色漆涂饰施工的一般工艺流程为：基层处理——→刷封底漆——→满刮油腻子——→

打磨──→刷第一遍色漆──→修补腻子──→打磨──→刷第二遍色漆──→刷第三遍色漆。

木地板色漆涂饰的主要工序见表 4-11 所示。

木地板色漆涂饰的主要工序　　　　　　表 4-11

项次	工 序 名 称	中级涂饰	高级涂饰
1	清扫、起钉子、除油污等	＋	＋
2	铲除脂囊、修补平整	＋	＋
3	磨砂纸	＋	＋
4	节疤处点漆片	＋	＋
5	干性油或带色干性油打底	＋	＋
6	局部刮腻子磨光	＋	＋
7	腻子处涂干性油	＋	＋
8	第一遍满刮腻子	＋	＋
9	磨光	＋	＋
10	第二遍满刮腻子	＋	＋
11	磨光	＋	＋
12	刷涂底涂料	＋	＋
13	第一道涂料	＋	＋
14	复补腻子	＋	＋
15	磨光	＋	＋
16	湿布擦净	＋	＋
17	第二道涂料	＋	＋
18	磨光（高级涂料用水砂纸）	＋	＋
19	湿布擦净	＋	＋
20	第三道涂料	＋	＋

注：1. 表中"＋"号表示应进行的工序；
　　2. 高级涂料做磨光时，宜用醇酸树脂涂料涂刷，要根据涂膜厚度增加 1～2 道涂料和磨光、打砂蜡、打黄蜡、擦亮的工序；
　　3. 木料及胶合板内墙、顶棚表面施涂溶剂型混色涂料的主要工序同上表。

2.1.2 施工方法

（1）基层处理

先将木地板基层表面上的灰尘、斑迹、胶迹等用刮刀或碎玻璃片刮除干净，但应注意不要刮出毛刺，然后用 1 号以上砂纸顺木纹精心打磨，直到光滑为止。当基层有小块活翘皮时，可用小刀撕掉。重皮的地方应用小钉子钉牢固。如重皮较大或有烤糊印疤，应由木工修补。节疤、松脂等部位应用虫胶漆封闭，钉眼处用油性腻子嵌补。

（2）涂刷封底漆

为了使木质含水率稳定和增加涂料的附着力，同时也为了避免木质密度不同吸油不一致而产生色差，应涂刷一遍封底漆。封底漆应涂刷均匀，不得漏刷。

（3）满刮油腻子

腻子的配合比（重量比）为石膏：熟桐油：水＝20：7：50，待涂刷的清油干透后，将钉孔、裂缝、节疤处，用石膏油腻子刮抹平整，腻子要不软不硬、不出蜂窝、挑丝不倒为准。用腻子刀或牛角板将腻子刮入钉孔、裂缝、棕眼内。刮抹时要横抹竖起，如遇接缝或节疤较大时，应用铲刀、牛角板将腻子挤入缝隙内，然后抹平，一定要刮光，不留松散腻子、残渣。

（4）磨光

待腻子干透后，用1号砂纸顺木纹轻轻来回打磨至光滑为止，并用潮布将磨下的粉末擦净。打磨后，仔细检查，如有缺陷应及时处理并补刮腻子。

（5）刷第一遍色漆

先将色铅油、光油、清油、汽油、煤油（冬期可加入适量催干剂）混合在一起搅拌均匀过罗，其配合比（重量比）为铅油∶光油∶清油∶汽油∶煤油＝50∶10∶8∶20∶10，可使用红、黄、蓝、白、黑铅油调配成各种所需颜色的铅油涂料。一般小房间2～3人一档。先刷四周踢脚线，然后从里面靠近窗户处地板向门口方向退着刷。涂刷时，其稠度以达到盖底、不显刷痕为准，要充分用力刷开、刷匀，不得漏刷。第一遍色漆干燥后，应仔细检查一遍，如发现不平处，应进行腻子修补。腻子干透后，打磨至光滑为止，并用潮布将磨下的粉末擦净。

（6）修补腻子

可以用油性石膏腻子，修补残缺不全之处，操作时必须用牛角板刮抹，不得损伤漆膜，腻子要收刮干净，其要求与操作方法同前。

（7）磨光

待腻子干透后，用1号砂纸打磨，其要求与操作方法同前。

（8）刷第2～3遍色漆

刷涂方法与第一遍相同。色漆刷涂施工间隔时间一般为3d左右。每遍色漆完全干透后，应用砂纸彻底打磨一遍，磨平、磨光为止，再用潮布将粉尘擦掉。

2.2 木地板清漆涂饰施工

2.2.1 施工工艺

木地板清漆涂饰施工的一般工艺流程为：基层处理──刷封底漆──润油粉──满刮色腻子──磨砂纸──刷第一遍聚氨酯（醇酸）清漆──修补腻子、磨砂纸──修色──刷第二遍聚氨酯（醇酸）清漆──磨砂纸──刷第三遍聚氨酯（醇酸）清漆。

木地板清漆涂饰的主要工序见表4-12所示。

2.2.2 施工方法

（1）基层处理

先将木地板基层表面上的灰尘、斑迹、胶迹等用刮刀或碎玻璃片刮除干净，但应注意不要刮出毛刺，然后用1号以上砂纸顺木纹精心打磨，直到光滑为止。当基层有小块活翘皮时，可用小刀撕掉。重皮的地方应用小钉子钉牢固，如重皮较大或有烤糊印疤，应由木工修补。节疤、松脂等部位应用虫胶漆封闭，钉眼处用油性腻子嵌补。

（2）涂刷封底漆

为了使木质含水率稳定和增加涂料的附着力，同时也为了避免木质密度不同吸油不一致而产生色差，应涂刷一遍封底漆。封底漆应涂刷均匀，不得漏刷。

（3）润色油粉

木地板清漆涂饰的主要工序　　　　　表 4-12

项次	工序名称	中级涂饰	高级涂饰
1	清扫、起钉子、除去油污等	＋	＋
2	磨砂纸	＋	＋
3	润粉	＋	＋
4	磨砂纸	＋	＋
5	第一遍满刮腻子	＋	＋
6	磨光	＋	＋
7	第二遍满刮腻子		＋
8	磨光		＋
9	刷油色	＋	＋
10	第一道清漆	＋	＋
11	拼色	＋	＋
12	复补腻子	＋	＋
13	磨光	＋	＋
14	第二道清漆	＋	＋
15	磨光	＋	＋
16	第三道清漆	＋	＋
17	磨水砂纸		＋
18	第四道清漆		＋
19	磨光		＋
20	第五道清漆		＋
21	磨光		＋
22	打砂蜡		＋
23	打油蜡		＋
24	擦亮		＋

注：表中"＋"号表示应进行的工序。

色油粉的配合比（重量比）为用大白粉∶松香水∶熟桐油＝24∶16∶2，色油粉的颜色同样板颜色，并用搅拌机充分搅拌均匀，盛在小油桶内。用棉丝蘸油粉反复涂于木材表面，擦进木材棕眼内。然后用麻布或棉丝擦净，线角应及时用竹片除去余粉。待油粉干后，用1号砂纸顺木纹轻轻打磨，直到光滑为止。注意保护棱角，不要将棕眼内油粉磨掉，磨完后用潮布将磨下粉末、灰尘擦净。

（4）满刮色腻子

腻子由石膏粉与相应清漆（聚氨酯、醇酸清漆）并加颜料调成石膏色腻子（颜色浅于样板1～2色），要注意腻子油性不可过大或过小，若过大，刷涂料时不易浸入木质内；若过小，则钻入木质中，使涂料不易均匀，颜色不能一致。用腻子刀或牛角板将腻子刮入钉孔、裂缝、棕眼内。刮抹时要横抹竖起。如遇接缝或节疤较大时，应用铲刀、牛角板将腻子挤入缝隙内，然后抹平，一定要刮光，不留松散腻子。待腻子干透后，用1号砂纸顺木纹轻轻来回打磨至光滑为止，并用潮布将磨下的粉末擦净。打磨后，仔细检查，如有缺陷应及时处理并补刮腻子。

（5）刷第一遍聚氨酯（醇酸）清漆

涂刷前，应按照产品说明书要求进行清漆调制。一般小房间 2～3 人一档。先刷四周踢脚线，然后从里面靠近窗户处地板向门口方向退着刷。人字、席纹地板按一个方向刷，长条地板应顺着木纹涂刷。涂刷时，要充分用力刷开、刷匀，不得漏刷。第一遍清漆干燥后，应仔细检查一遍，如发现不平处，应进行腻子修补。腻子干透后，打磨至光滑为止，并用潮布将磨下的粉末擦净。

(6) 修补腻子

可以用油性略大的带色石膏腻子，修补残缺不全之处，操作时必须用牛角板刮抹，不得损伤漆膜，腻子要收刮干净，光滑无腻子疤（若有腻子疤必须点漆片处理）。

(7) 拼色与修色

木材表面上的黑斑、节疤、腻子疤和材色不一致处，应用漆片、酒精加色调配（颜色同样板颜色）或用清漆、调合漆（铅油）和稀释剂调配，进行修色。材色深的应修浅，浅的提深，将深色和浅色木面拼成一色，并绘出木纹。

(8) 刷第 2～3 遍聚氨酯（醇酸）清漆

刷涂方法与第一遍相同。聚氨酯等清漆刷涂施工间隔时间一般为 3d 左右。每遍清漆完全干透后，应用砂纸彻底打磨一遍，磨平、磨光为止，再用潮布将粉尘擦掉。

2.3　水泥地面涂饰溶剂型涂料

2.3.1　施工工艺

基层处理──涂刷底涂料、刮涂腻子──修补填平──打磨、清扫──涂刷第一遍涂料、打磨──涂刷第二遍涂料、打磨──涂刷第三遍涂料──打蜡、养护。

2.3.2　施工方法

(1) 基层处理

1) 涂料施工前，基层应处于干燥、平整和清洁状态。

2) 新水泥地面必须充分干燥，且待 pH 值小于 9 后，才能施工。

3) 经过清洗后的地面也要待其干燥，应在含水率不大于 8% 后进行施工。

4) 地面浮灰可以采用拖把、扫帚清理，表面沾染的油迹或油漆可用钢丝刷或溶剂清理。

5) 混凝土平整表面的处理：对于油污较多的平整表面，可以采用酸洗法处理。方法是用质量分数为 10%～15% 的盐酸清洗基层表面，待反应完全后（即不再产生气泡），再用清水清洗，并配合毛刷刷洗。此法可清除泥浆层并得到较细的粗糙度。

对于面积较大的平整表面，可以采用机械法处理。即用喷砂或电动磨平机清除表面突出物、松动的颗粒，破坏毛细孔，增加附着面积。最后再用吸尘器吸除砂粒、杂质和灰尘等。

6) 混凝土不平整表面的处理：对有较多凹陷、坑洞的地面，应采用环氧树脂砂浆或环氧树脂腻子填平、修补后再进行进一步的基层处理。

(2) 涂刷底涂料、刮涂腻子

在清理干净和干燥的水泥地面上涂刷一遍底涂料。隔 24h 后，将基层上的裂缝、孔洞等处填平密实，待干燥后再满刮腻子 2～3 道，每刮一道腻子，干后即用砂纸打磨平整，扫净灰尘再刮下一道腻子。后一道腻子应与前一道腻子刮方向相交叉。

(3) 打磨、涂刷涂料

待腻子层干透后,进行适当打磨、清扫,即可以涂刷涂料。涂料的涂刷方法与一般溶剂型涂料相同。涂料一般涂刷二三遍。应等待前一道涂料干燥,经砂纸打磨、清扫干净后,再涂刷后一道涂料。

(4) 养护

涂料施工完毕应在空气流通的情况下干燥7d,经打蜡保养后再使用。

2.4 水泥地面涂饰双组分环氧树脂涂料

这类涂料一般均涂饰于水泥质材料的基层上,涂饰前对基层的要求及处理和一般溶剂型涂料是一样的,这类涂料的涂饰特点是涂层要求较厚,两类涂料的涂装方法类似。

2.4.1 施工工艺

基层处理──→涂刷底涂料──→刮腻子、打磨(基层修补)──→涂刷中层环氧树脂厚涂料(2~3道)──→涂刷(1~2道)罩面清漆──→养护。

2.4.2 施工方法

(1) 基层处理

同水泥地面涂饰溶剂型涂料做法。

(2) 涂刷底涂料

在经过清理、风干的清洁、干燥的基层上,先满刷一道加有固化剂的聚氨酯或环氧树脂清漆。

(3) 刮腻子、打磨(基层修补)

隔日后,用涂料配制腻子(即用涂料拌和滑石粉至呈易批刮的膏状)将基层上的孔洞、裂缝等缺陷填平,待涂膜干燥后打磨平整。

(4) 涂刷涂料

基层修补完后,按照比例将双组分涂料混合均匀,然后倒在待施工的地面上,用刮板一下一下地平稳地摊开并刮平,不要往返来回次数太多,以免产生气泡。一次施工的涂层厚度应控制在1mm以下。若一次刮涂得太厚,容易产生气泡或产生太大的收缩。涂刷前可先在地面上用粉笔画好方格,每格1m²,通常由室内退着向门口方向涂刷。

施工时注意双组分涂料应按施工要求称量准确,充分拌合均匀,静置存放30~60min再涂刷,一次配料不宜太多,应当天配制,当天用完,一般1kg可涂刷1m²。

(5) 涂刷罩面清漆

涂料施工完成以后,为了提高涂层的表面光泽,增加耐磨性,将面涂料清理干净后,再涂刷(1~2道)罩面清漆。在涂刷清漆过程中要注意保持环境清洁,防止涂层在未固化前受到沾染。

(6) 养护

涂层施工完以后,一般应静置固化一周以上,通常在2~3周后可以正常使用。

2.5 水泥地面涂饰聚氨酯弹性涂料

2.5.1 施工工艺

基层处理──→涂刷底涂料──→刮腻子、打磨(基层修补)──→刮第一道厚涂料、刮第二道厚涂料──→涂刷（1~2道）罩面清漆──→养护。

  2.5.2 施工方法及注意事项

  (1) 聚氨酯弹性地面涂料施工方法和环氧树脂地面厚质涂料的施工方法基本相同。

  (2) 该涂料中的聚氨酯预聚体和固化剂均有成品供应，所以现场配制时，加入适量的颜料和填料即可以施工。

  (3) 施工时操作要注意选择晴朗无风，湿度不大的干燥天气作业。涂刷过程中要保持环境清洁，防止污染面层。施工时，将涂料倒入画好的方格内，用刮板刮平、抹光。其顺序为先里后外，要减少接槎。刷罩面涂料后，要静置3d（3d后可以行人），两周后可以交付使用。

  (4) 聚氨酯涂料有毒性，施工时要带手套、口罩，切忌将涂料溅入眼内，而且施工现场要有良好的通风条件，严禁烟火。施工完毕应及时将工具用二甲苯清洗干净，并用醋酸乙酯将手上沾污的污物擦去，再用清水和肥皂洗净。

2.6 施工操作要点

  (1) 防止节疤、裂缝、钉孔等处的缺刮腻子、缺打砂纸现象，操作者应认真按照规程和工艺标准去操作。

  (2) 多人合作施工时，应注意相互配合，特别是两人刷涂接头处，应刷平，厚薄应一致。

  (3) 防止刷纹明显，操作者应用相应合适的棕刷，并把油棕刷用稀料泡软后使用。

  (4) 防止漆面粗糙现象：操作前必须将基层清理干净，用湿布擦净，油漆要过罗，严禁刷油时扫尘、清理或刮大风天气刷油漆。

  (5) 严防漆质不好，兑配不均，溶剂挥发快或催干剂过多等，以免造成涂膜表面出现皱纹。

2.7 成品保护

  (1) 每遍涂饰前，都应将窗台清扫干净，防止尘土飞扬，影响油漆质量。

  (2) 每遍涂饰应将地（面）板清理干净。

  (3) 涂料施工完毕后，应有专人负责管理，应保持地面清洁，防止在其表面乱写乱画造成污染。如需要进入室内施工，应将地板覆盖保护，进入室内的人员应穿软底鞋，严禁穿钉鞋在地板上行走。

  (4) 严禁在地板上带水作业，或用水浸泡地板。

课题3 门窗涂饰施工

3.1 木门、窗刷（喷）色漆涂饰施工

  3.1.1 施工工序

  木门、窗刷（喷）色漆涂饰施工的一般工艺流程为：基层处理──→刷封底涂料──→满刮油腻子──→打磨──→刷第一遍色漆──→修补腻子──→打磨──→刷第二遍色漆──→刷第三

遍色漆。

木门、窗刷（喷）色漆涂饰的主要工序见表 4-13 所示。

木门、窗刷（喷）色漆涂饰的主要工序　　　　　　表 4-13

项次	工序名称	中级涂饰	高级涂饰
1	清扫、起钉子、除油污等	＋	＋
2	铲去脂囊、修补平整	＋	＋
3	磨砂纸	＋	＋
4	节疤处点漆片	＋	＋
5	干性油或带色干性油打底	＋	＋
6	局部刮腻子、磨光	＋	＋
7	腻子处涂干性油	＋	＋
8	第一遍满刮腻子	＋	＋
9	磨光	＋	＋
10	第二遍满刮腻子	＋	＋
11	磨光	＋	＋
12	刷底层涂料	＋	＋
13	第一遍涂料	＋	＋
14	复补腻子	＋	＋
15	磨光	＋	＋
16	湿布擦净	＋	＋
17	第二遍涂料	＋	＋
18	磨光（高级涂饰用水砂纸）	＋	＋
19	湿布擦净	＋	＋
20	第三遍涂料	＋	＋

注：表中"＋"号表示应进行的工序。

3.1.2 施工方法

（1）基层处理

先将木门窗基层表面上的灰尘、斑迹、胶迹等用刮刀或碎玻璃片刮除干净，但应注意不要刮出毛刺，也不要刮破抹灰的墙面，然后用 1 号以上砂纸顺木纹精心打磨，先磨线角，后磨四口平面，直到光滑为止。木门窗基层有小块活翘皮时，可用小刀撕掉。重皮的地方应用小钉子钉牢固，如重皮较大或有烤糊印疤，应由木工修补，并用酒精漆片点刷。

（2）刷封底涂料

封底涂料由清油、汽油、光油配制，略加一些红土子（避免漏刷不好区分）。涂饰时，先从框上部左边开始顺木纹涂刷，框边涂油不得碰到墙面上，厚薄要均匀。框上部刷好后，再刷亮子。刷窗扇时，如两扇窗应先刷左扇后刷右扇；三扇窗应最后刷中间扇。窗扇外面全部刷完后，用梃钩钩住不得关闭，然后再刷里面。刷门时，先刷亮子再刷门框，门扇的背面刷完后用木楔将门扇固定，最后刷门扇的正面。待全部刷完后检查一下有无遗漏，并注意里外门窗油漆分色是否正确，并将小五金等处沾染的油漆擦净。

（3）刮腻子

腻子的配合比（重量比）为石膏∶熟桐油∶水＝20∶7∶50，待涂刷的清油干透后，将钉孔、裂缝、节疤以及边棱残缺处，用石膏油腻子刮抹平整，腻子要不软不硬、不出蜂窝、挑丝不倒为准。刮时要横抹竖起，将腻子刮入钉孔或裂纹内。若接缝或裂缝较宽、孔洞较大时．可用开刀或铲刀将腻子挤入缝洞内，使腻子嵌入后刮平收净，表面上腻子要刮光，无松散腻子、残渣。上下冒头，榫头等处均应抹到。

(4) 磨光

待腻子干透后，用1号砂纸打磨，打磨方法与底层磨砂纸相同，注意不要磨穿漆膜并保护好棱角，不留松散腻子痕迹。磨完后应打扫干净，并用潮布将磨下粉末擦净。

(5) 刷第一遍涂料

先将色铅油、光油、清油、汽油、煤油（冬期可加入适量催干剂）混合在一起搅拌均匀过罗，其配合比（重量比）为铅油∶光油∶清油∶汽油∶煤油＝50∶10∶8∶20∶10；可使用红、黄、蓝、白、黑铅油调配成各种所需颜色的铅油涂料，其稠度以达到盖底、不流淌、不显刷痕为准，厚薄要求均匀。涂刷顺序与刷封底涂料相同。一樘门或窗刷完后，应上下、左右检查一下，看有无漏刷、流坠、裹棱及透底等缺陷，最后将木门扇下口用木楔固定，窗扇打开上梃钩。

(6) 刮腻子

待第一遍涂料干透后，对底腻子收缩或残缺处，再用石膏腻子细致刮抹一次，其要求与操作方法同前。

(7) 打砂纸、安装玻璃

待腻子干透后，用1号以下砂纸打磨，其要求与操作方法同前。然后安装玻璃。

(8) 刷第二遍涂料

方法与刷第一遍涂料相同。一樘门或窗刷完后，应上下、左右检查一下，看有无漏刷、流坠、裹棱及透底等缺陷，最后将木门扇下口用木楔固定，窗扇打开上梃钩。

(9) 擦玻璃、打砂纸

用潮布将玻璃内外擦干净。注意不得损伤油灰表面和八字角。打砂纸的要求和方法同前。但使用新砂纸时，应将两张砂纸对磨，把粗大砂粒磨掉，防止打磨时把油漆膜划破。

(10) 刷第三遍涂料

刷油的要求与操作方法与刷第一遍涂料相同。但由于调合漆黏度较大，涂刷时要多刷多理，要注意刷油饱满，刷油动作要敏捷，使所刷的油漆不流不坠、光亮均匀、色泽一致。在玻璃油灰上刷油．应待油灰达一定强度后方可进行。刷完油漆后应立即仔细检查一遍，如发现有缺陷应及时修整，最后用木楔将门扇固定，用梃钩钩住窗扇。

3.2 木门、窗刷（喷）混色磁漆磨退涂饰施工

3.2.1 施工工艺

木门、窗刷（喷）混色磁漆磨退涂饰施工的一般工艺流程为：基层处理——刷底层涂料——满刮油腻子二遍及打磨——刷第一遍醇酸磁漆——修补腻子——打磨——刷第二遍醇酸磁漆——安装玻璃——刷第三遍醇酸磁漆——刷第四遍醇酸磁漆——打砂蜡——擦上光蜡。

木门、窗刷（喷）混色磁漆磨退涂饰的主要工序见表4-13所示。

3.2.2 施工方法

(1) 基层处理

先将木门窗基层表面上的灰尘、斑迹、胶迹等用刮刀或碎玻璃片刮除干净,但应注意不要刮出毛刺,也不要刮破抹灰的墙面。然后用1号以上砂纸顺木纹精心打磨,先磨线角,后磨四口平面,直到光滑为止。木门窗基层有小块活翘皮时,可用小刀撕掉。重皮的地方应用小钉子钉牢固,如重皮较大或有烤糊印疤,应由木工修补,并用酒精漆片点刷。

(2) 刷封底涂料

封底涂料由清油、汽油、光油配制,略加一些红土子(避免漏刷不好区分)。涂饰时,先从框上部左边开始顺木纹涂刷,框边涂油不得碰到墙面上,厚薄要均匀,框上部刷好后,再刷亮子。刷窗扇时,如两扇窗应先刷左扇后刷右扇;三扇窗应最后刷中间扇。窗扇外面全部刷完后,用梃钩钩住不得关闭,然后再刷里面。刷门时,先刷亮子再刷门框,门扇的背面刷完后用木楔将门扇固定,最后刷门扇的正面。待全部刷完后检查一下有无遗漏,并注意里外门窗油漆分色是否正确,并将小五金等处沾染的油漆擦净。

(3) 磨光

待腻子干透后,用1号砂纸打磨,打磨方法与底层磨砂纸相同,注意不要磨穿漆膜并保护好棱角,不留松散腻子痕迹。磨完后应打扫干净,并用潮布将磨下粉末擦净。

(4) 刮腻子

刮第一遍腻子,腻子中要适量加入醇酸磁漆。待涂刷的清油干透后,将钉孔、裂缝、节疤以及边棱残缺处,用油腻子刮抹平整,腻子要不软不硬、不出蜂窝、挑丝不倒为准,刮时要横抹竖起,将腻子刮入钉孔或裂纹内。若接缝或裂缝较宽、孔洞较大时,可用开刀或铲刀将腻子挤入缝洞内使腻子嵌入后刮平收净,表面上腻子要刮光,无松散腻子、残渣。上下冒头,榫头等处均应抹到。待腻子干透后,用砂纸打磨,打磨方法与底层磨砂纸相同,注意不要磨穿漆膜并保护好棱角,不留松散腻子痕迹。磨完后应打扫干净,并用潮布将磨下粉末擦净。

刮腻子一般为二遍,刮第二遍腻子,大面用钢片刮板刮,要平整光滑。小面处用开刀刮,阴角要直。腻子干透后,用零号砂纸磨平、磨光,清扫并用湿布擦净。

(5) 刷第一遍醇酸磁漆

头道涂料中可适量加入醇酸稀料调得稍稀一些。刷涂顺序应从外向内、从左向右、从上至下进行,并顺着木纹涂刷。刷门窗框时不得碰到墙面上,刷到接头处要轻飘,达到颜色一致;刷涂动作应快速、敏捷,要求无缕无节,横平竖直,顺刷时棕刷要轻飘,避免出现刷纹。刷木窗时,先刷好框子上部后再刷亮子;待亮子全部刷完后,将梃钩钩住,再刷窗扇;如为双扇窗,应先刷左扇后刷右扇;三扇窗应最后刷中间扇;纱窗扇先刷外面后刷里面。刷木门时,先刷亮子后刷门框、门扇背面,刷完后用小木楔将门扇固定,最后刷门扇正面;全部刷好后检查是否有漏刷,小五金沾染的油色要及时擦净。涂刷应厚薄均匀,不流不坠,刷纹通顺,不得漏刷。待涂料完全干透后,用1号或旧砂纸彻底打磨一遍,将头遍漆面上的光亮基本打磨掉,再用潮布将粉尘擦掉。

(6) 修补腻子

如发现凹凸不平处,要进行修补腻子,其要求与操作方法同前。待腻子干透后,用1号以下砂纸打磨,其要求与操作方法同前。

(7) 刷第二遍醇酸磁漆

涂刷方法与第一遍相同。本遍磁漆中不加稀料，注意不得漏刷和流坠。干透后磨砂纸，如表面疵子疙瘩多时，可用 280 号水砂纸打磨。如局部有不平、不光处，应及时复补腻子，待腻子干透后，用砂纸打磨，清扫并用湿布擦净。刷完第二遍涂料后，可进行玻璃安装等工序。

（8）刷第三遍醇酸磁漆

刷法与要求与第二遍相同。磨光时，可用 320 号水砂纸打磨，要注意不得磨破棱角，要达到平和光，磨好后清扫干净并擦净。

（9）刷第四遍醇酸磁漆

刷油的要求与操作方法同前。刷完 7d，用 320~400 号水砂纸打磨，打磨时用力要均匀，应将刷纹基本磨平，要注意不得磨破棱角，磨好后清扫干净并擦净。

（10）打砂蜡

将配制好的砂蜡用双层呢布头蘸擦，擦时用力均匀，不可漏擦，擦至出现暗光，大小面上下一致为准，擦后清除浮蜡。

（11）擦上光蜡

用干净白布揩擦上光蜡，应擦匀擦净，直到光泽饱满为止。

3.3 木门、窗刷（喷）清漆涂饰施工

3.3.1 施工工艺

木门、窗刷（喷）清漆涂饰施工的一般工艺流程为：基层处理→刷封底漆→润色油粉→满刮油腻子→刷油色→刷第一遍清漆→修补腻子→修色→打磨→刷第二遍清漆→刷第三遍清漆。

木门、窗刷（喷）清漆涂饰的主要工序见表 4-14 所示。

3.3.2 施工方法

（1）基层处理

先将木门窗基层表面上的灰尘、斑迹、胶迹等用刮刀或碎玻璃片刮除干净，但应注意不要刮出毛刺，不要刮破抹灰的墙面。然后用 1 号以上砂纸顺木纹精心打磨，先磨线角，后磨四口平面，直到光滑为止。木门窗基层有小块活翘皮时，可用小刀撕掉。重皮的地方应用小钉子钉牢固，如重皮较大或有烤糊印疤，应由木工修补。节疤、松脂等部位应用虫胶漆封闭，钉眼处用油性腻子嵌补。

（2）涂刷封底漆

为了使木质含水率稳定和增加涂料的附着力，同时也为了避免木质密度不同吸油不一致而产生色差，应涂刷一遍封底漆。封底漆应涂刷均匀，不得漏刷。

（3）润色油粉

色油粉的配合比（重量比）为大白粉：松香水：熟桐油＝24：16：2，色油粉的颜色同样板颜色，并用搅拌机充分搅拌均匀，盛在小油桶内。用棉丝蘸油粉反复涂于木材表面，擦进木材棕眼内，然后用麻布或棉丝擦净，线角应及时用竹片除去余粉。应注意墙面及五金上不得沾染油粉。待油粉干后，用 1 号砂纸顺木纹轻轻打磨，先磨线角、裁口，后磨四口平面，直到光滑为止。注意保护棱角，不要将棕眼内油粉磨掉，磨完后用潮布将磨下粉末、灰尘擦净。

木门、窗刷（喷）清漆涂饰的主要工序　　　　　　　　表 4-14

项次	工序名称	中级涂饰	高级涂饰
1	清扫、起钉子、除去油污等	＋	＋
2	磨砂纸	＋	＋
3	润粉	＋	＋
4	磨砂纸	＋	＋
5	第一遍满刮腻子	＋	＋
6	磨光	＋	＋
7	第二遍满刮腻子		＋
8	磨光		＋
9	刷油色	＋	＋
10	第一道清漆	＋	＋
11	拼色	＋	＋
12	复补腻子	＋	＋
13	磨光	＋	＋
14	第二道清漆	＋	＋
15	磨光	＋	＋
16	第三道清漆	＋	＋
17	磨水砂纸		＋
18	第四道清漆		＋
19	磨光		＋
20	第五道清漆		＋
21	磨退		＋
22	打砂蜡		＋
23	打油蜡		＋
24	擦亮		＋

注：表中"＋"号表示应进行的工序。

（4）满刮油腻子

腻子配合比（重量比）为石膏粉∶熟桐油∶水＝20∶7∶适量，并加颜料调成石膏色腻子（颜色浅于样板 1~2 色），要注意腻子油性不可过大或过小，若过大，刷油色时不易浸入木质内；若过小时，则钻入木质中，这样刷的油色不易均匀，颜色不能一致。用腻子刀或牛角板将腻子刮入钉孔、裂缝、棕眼内。刮抹时要横抹竖起，如遇接缝或节疤较大时，应用铲刀、牛角板将腻子挤入缝隙内，然后抹平，一定要刮光，不留松散腻子。待腻子干透后，用 1 号砂纸顺木纹轻轻打磨，先磨线角、裁口，后磨四口平面，注意保护棱角，来回打磨至光滑为止，并用潮布将磨下的粉末擦净。

（5）刷油色

先将铅油（或调合漆）、汽油、光油、清油等混合在一起过筛（小罗），然后倒在小油桶内，使用时经常搅拌。以免沉淀造成颜色不一致（颜色同样板颜色）。刷油的顺序，应从外向内、从左向右、从上至下进行，并顺着木纹涂刷。刷门窗框时不得碰到墙面上，刷到接头处要轻飘，达到颜色一致；因油色干燥较快，所以刷油动作应快速、敏捷，要求无缕无节，横平竖直，顺油时棕刷要轻飘，避免出现刷纹。刷木窗时，先刷好框子上部后再刷亮子；待亮子全部刷完后，将梃钩钩住，再刷窗扇；如为双扇窗，应先刷左扇后刷右扇；三扇窗应最后刷中间扇；纱窗扇先刷外面后刷里面。刷木门时，先刷亮子后刷门框、门扇背面，刷完后用小木楔子将门扇固定，最后刷门扇正面；全部刷好后检查是否有漏刷，小五金沾染的油色要及时擦净。油色涂刷要求木材色泽一致，而又盖不住木纹，所以每一个刷面必须一次刷好，不留接槎，两个刷面交接棱口处不要相互沾油，沾油后要及时擦掉，达到颜色一致。

(6) 刷第一遍清漆

刷法与油色相同，但刷第一遍清漆应略加一些稀料撤光，便于快干。因清漆黏性较大，最好使用已用出刷口的旧棕刷，刷时要少蘸油，以保证不流、不坠、涂刷均匀。待清漆完全干透后，用1号或旧砂纸彻底打磨一遍，将头遍漆面上的光亮基本打磨掉，再用潮布将粉尘擦掉。

(7) 修补腻子

一般要求刷油色后不刮腻子，特殊情况下，可以用油性略大的带色石膏腻子，修补残缺不全之处，操作时必须用牛角板刮抹，不得损伤漆膜，腻子要收刮干净，光滑无腻子疤（若有腻子疤必须点漆片处理）。

(8) 拼色与修色

木材表面上的黑斑、节疤、腻子疤和材色不一致处，应用漆片、酒精加色调配（颜色同样板颜色）或用清漆、调合漆（铅油）和稀释剂调配，进行修色。材色深的应修浅，浅的提深，将深色和浅色木面拼成一色，并绘出木纹。

(9) 打磨

使用细砂纸轻轻往返打磨，然后用潮布将粉尘擦净。

(10) 刷第二遍清漆

清漆中不加稀释剂（冬期可略加催干剂），刷油操作同第一遍，但刷油动作要敏捷，多刷多理，使清漆涂刷得饱满一致，不流不坠，光亮均匀，刷后再仔细检查一遍，有毛病及时纠正。刷此遍清漆时，周围环境要整洁，宜暂时禁止通行，最后木门窗用梃钩钩住或用木楔固定牢固。

(11) 刷第三遍清漆

待第二遍清漆干透后进行磨光，擦净，然后涂刷第三遍清漆，其刷法同前。

3.4 木门、窗刷（喷）丙烯酸清漆磨退涂饰施工

3.4.1 施工工艺

木门、窗刷（喷）丙烯酸清漆磨退涂饰施工的一般工艺流程为：基层处理──→封底漆──→润油粉──→满刮色腻子──→磨砂纸──→刷第一遍醇酸清漆──→点漆片修色──→磨砂纸──→刷第二遍醇酸清漆──→磨砂纸──→刷第三遍醇酸清漆──→磨砂纸──→刷第四遍醇酸清漆──→磨砂纸──→刷第一遍丙烯酸清漆──→磨砂纸──→刷第二遍丙烯酸清漆──→打砂蜡──→擦上光蜡。

木门、窗刷（喷）丙烯酸清漆磨退涂饰的主要工序见表4-14所示。

3.4.2 施工方法

(1) 基层处理

先将木门窗基层表面上的灰尘、斑迹、胶迹等用刮刀或碎玻璃片刮除干净，但应注意不要刮出毛刺，不要刮破抹灰的墙面。然后用1号以上砂纸顺木纹精心打磨，先磨线角，后磨四口平面，直到光滑为止。木门窗基层有小块活翘皮时，可用小刀撕掉。重皮的地方应用小钉子钉牢固，如重皮较大或有烤糊印疤，应由木工修补。节疤、松脂等部位应用虫胶漆封闭，钉眼处用油性腻子嵌补。

(2) 涂刷封底漆

为了使木质含水率稳定和增加涂料的附着力，同时也为了避免木质密度不同吸油不一致而产生色差，应涂刷一遍封底漆。封底漆应涂刷均匀，不得漏刷。

(3) 润色油粉

色油粉的配合比（重量比）为大白粉：松香水：熟桐油＝24∶16∶2，色油粉的颜色同样板颜色，并用搅拌机充分搅拌均匀，盛在小油桶内。用棉丝蘸油粉反复涂于木材表面，擦进木材棕眼内。然后用麻布或棉丝擦净，线角应及时用竹片除去余粉。应注意墙面及五金上不得沾染油粉。待油粉干后，用1号砂纸顺木纹轻轻打磨。先磨线角、裁口，后磨四口平面，直到光滑为止。注意保护棱角，不要将棕眼内油粉磨掉，磨完后用潮布将磨下粉末、灰尘擦净。

(4) 满刮油腻子

腻子配合比（重量比）为石膏粉：熟桐油：水＝20∶7∶适量，并加颜料调成石膏色腻子（颜色浅于样板1～2色），要注意腻子油性不可过大或过小，若过大，刷涂料时不易浸入木质内；若过小，则钻入木质中，使涂料不易均匀，颜色不能一致。用腻子刀或牛角板将腻子刮入钉孔、裂缝、棕眼内。刮抹时要横抹竖起，如遇接缝或节疤较大时，应用铲刀、牛角板将腻子挤入缝隙内，然后抹平，一定要刮光，不留松散腻子。待腻子干透后，用1号砂纸顺木纹轻轻打磨，先磨线角、裁口，后磨四口平面，注意保护棱角，来回打磨至光滑为止，并用潮布将磨下的粉末擦净。

(5) 刷第一遍醇酸清漆

刷第一遍清漆应略加一些稀料撤光，便于快干。因清漆黏性较大，最好使用已用出刷口的旧棕刷，刷时要少蘸油，以保证不流、不坠、涂刷均匀。刷涂顺序应从外向内、从左向右、从上至下进行，并顺着木纹涂刷。刷门窗框时不得碰到墙面上，刷到接头处要轻飘，达到颜色一致；刷涂动作应快速、敏捷，要求无缕无节，横平竖直，顺刷时棕刷要轻飘，避免出现刷纹。刷木窗时，先刷好框子上部后再刷亮子；待亮子全部刷完后，将梃钩钩住，再刷窗扇；如为双扇窗，应先刷左扇后刷右扇；三扇窗应最后刷中间扇；纱窗扇先刷外面后刷里面。刷木门时，先刷亮子后刷门框、门扇背面，刷完后用小木楔子将门扇固定，最后刷门扇正面；全部刷好后检查是否有漏刷，小五金沾染的油色要及时擦净。涂刷应厚薄均匀，不流不坠，刷纹通顺，不得漏刷。待清漆完全干透后，用1号或旧砂纸彻底打磨一遍，将头遍漆面上的光亮基本打磨掉，再用潮布将粉尘擦掉。

(6) 修补腻子

可以用油性略大的带色石膏腻子，修补残缺不全之处，操作时必须用牛角板刮抹，不得损伤漆膜，腻子要收刮干净，光滑无腻子疤（若有腻子疤必须点漆片处理）。

(7) 拼色与修色

木材表面上的黑斑、节疤、腻子疤和材色不一致处，应用漆片、酒精加色调配（颜色同样板颜色）或用清漆、调合漆（铅油）和稀释剂调配，进行修色。材色深的应修浅，浅的提深，将深色和浅色木面拼成一色，并绘出木纹。

（8）刷第 2～4 遍醇酸清漆

刷涂方法同第一遍。刷涂顺序应从外向内、从左向右、从上至下进行，并顺着木纹涂刷。刷完后用小木楔子将门扇固定，检查是否有漏刷，小五金沾染的油色要及时擦净。涂刷应厚薄均匀，不流不坠，刷纹通顺，不得漏刷。待每遍清漆完全干透后，用砂纸彻底打磨一遍，将每遍漆面上的光亮基本打磨掉，再用潮布将粉尘擦掉。

（9）刷第 1～2 遍丙烯酸清漆

用羊毛排笔顺纹涂刷，涂膜要厚度适中，均匀一致，不得流淌、裹棱、漏刷。待每遍清漆干透后用 320～380 号水砂纸打磨、擦净。

（10）打砂蜡

将配制好的砂蜡用双层呢布头蘸擦，擦时用力均匀，直擦到不见亮星为止，不可漏擦，擦后清除浮蜡。

（11）擦上光蜡

用干净白布揩擦上光蜡，应擦匀擦净，直到擦亮为止。

3.5　施工操作要点

（1）防止节疤、裂缝、钉孔、榫头、上下冒头、合页、边棱残缺等处的缺刮腻子、缺打砂纸现象，操作者应认真按照规程和工艺标准去操作。

（2）防止漏刷。漏刷是刷油操作易出现的问题，一般多发生在门窗的上、下冒头和靠合页小面以及门窗框、压缝条的上、下端部和衣柜门框的内侧等处。主要原因是内门窗安装时油工与木工配合欠佳，下冒头未刷油漆就把门扇安装了，事后油工根本刷不了（除非把门扇合页卸下来重涂刷）；其次是操作者不认真所致。

（3）涂刷涂料时，操作者应注意避免涂料太稀、涂膜太厚或环境温度高、油漆干性慢等因素影响，并采取合理操作顺序和正确的手法，防止油漆流坠、裹棱。尤其是门窗边棱分色处，一旦油量过大和操作不注意，就容易造成流坠、裹棱。

（4）防止刷纹明显。操作者应用相应合适的棕刷，并把油棕刷用稀料泡软后使用。

（5）防止漆面粗糙现象：操作前必须将基层清理干净，用湿布擦挣，油漆要过罗，严禁刷油时扫尘、清理或刮大风天气刷油漆。

（6）严防漆质不好，兑配不均，溶剂挥发快或催干剂过多等，以免造成涂膜表面出现皱纹。

（7）防止污染五金，操作者要认真细致，及时将小五金等污染处清擦干净。并应尽量把门锁、门窗拉手和插销等后装，以确保五金洁净美观。

（8）在玻璃油灰上刷油，应待油灰达到一定强度后方可进行。刷完油漆后要立即检查一遍，如有缺陷应及时修整。

3.6　钢门、窗色漆涂饰施工

3.6.1　施工工序

钢门、窗色漆涂饰施工的一般工艺流程为：基层处理──→刷防锈涂料或补刷防锈涂料──→刮腻子──→刷第一遍涂料（刷铅油、刮腻子、磨平）──→刷第二遍涂料（刷铅油、磨平）──→刷面层调合漆。

钢门、窗色漆涂饰的主要工序见表4-15所示。

钢门、窗色漆涂饰的主要工序　　　　　　表4-15

项次	工 序 名 称	中级涂饰	高级涂饰
1	除锈、清扫、磨砂纸	＋	＋
2	涂刷防锈涂料	＋	＋
3	局部刮腻子	＋	＋
4	磨光	＋	＋
5	第一遍满刮腻子	＋	＋
6	磨光	＋	＋
7	第二遍满刮腻子		＋
8	磨光		＋
9	第一遍涂料	＋	＋
10	复补腻子		＋
11	磨光		＋
12	第二遍涂料	＋	＋
13	磨光	＋	＋
14	湿布擦净	＋	＋
15	第三遍涂料	＋	＋
16	磨光（用水砂纸）		＋
17	湿布擦净		＋
18	第四遍涂料		＋

注：1. 表中"＋"号表示应进行的工序。
2. 薄钢屋面板、檐沟、水落管、泛水等施涂涂料，可不刮腻子。施涂防锈涂料不得少于二遍。
3. 金属构件和半成品安装前，应检查防锈涂料有无损坏，损坏处应补涂。
4. 钢结构施涂涂料，应符合现行《钢结构工程施工质量验收规范》（GB 50205—2001）的有关规定。

3.6.2　施工方法

（1）基层处理

钢结构表面的处理，除了油脂、污垢、锈蚀外，最重要的是表面氧化皮的清除。常用的方法有机械与手工清除，用铲刀、钢丝刷和砂布等工具清除；火焰清除、喷砂清除。根据不同的基层要求，除锈要彻底。

（2）涂防锈涂料

除锈完成后，根据环境条件和设计要求，满刷（喷）1~3遍防锈涂料。如构件、半成品已经涂刷防锈涂料，对结构安装过程的焊点、防锈涂料磨损处，进行除锈清渣，补涂1~3遍防锈涂料。

（3）修补缺陷

待漆膜干透后，将钢门窗的砂眼、凹坑、缺棱、拼缝等处，用石膏腻子刮平整。钢结构表面腻子的配合比（重量比）为石膏粉：熟桐油：油性腻子或醇酸腻子：底层涂料：水＝20：5：10：7：适量。腻子要调成软硬合适，不出蜂窝、挑丝不倒为宜。待腻子干透后，用1号砂纸打磨，并用潮布将表面上的粉末擦干净。

(4) 刮腻子

用开刀或橡皮刮板在钢结构表面满刮一遍石膏腻子（配合比同上），要刮薄、收的干净，均匀平整无毛刺。待腻子干透后，用1号砂纸打磨，注意不要损坏棱角，要达到表面光滑，线角平直，整齐一致。

(5) 施涂第一遍涂料

施涂方法可采用刷涂或喷涂。第一遍涂料采用铅油或醇酸无光调合漆，用色铅油、光油、清油和汽油配制而成，经过搅拌均匀后过罗，冬期宜加适量催干剂。油的稠度以达到盖底，不流淌、不显刷痕为宜，铅油的颜色要符合样板的色泽。涂刷时宜按先左后右、先上后下、先难后易、先边后面的顺序进行。如有流坠、漏刷、裹棱、透底等缺陷，应及时修整达到色泽一致。

喷涂方法一般用于大面积施工。将涂料调至施工所需黏度，装入贮料罐或压力供料筒中。打开空气压缩机，进行调节，使其压力达到施工压力，施工压力一般在 0.4～0.8MPa 范围内。喷涂作业时，手握喷枪要稳，涂料出口应与被涂面垂直，喷枪移动时应与涂面保持平行。喷枪运行速度应适宜并保持一致，一般为 400～600mm/min。喷嘴与涂面的距离一般应控制在 400～600mm 左右，喷涂应逐行或逐列进行。横向喷涂运动路线为水平运动 700～800mm 后，拐弯 180°后喷涂下一行，行与行之间的搭接宽度为喷涂宽度的 1/2～1/3；垂直喷涂运动路线为垂直运动 700～800mm 后，拐弯 180°后喷涂下一列，列与列之间的搭接宽度为喷涂宽度的 1/3～1/2。如有喷枪喷不到的地方，应用棕刷或排笔刷涂。

(6) 修补腻子

待涂料干透后，对于底腻子收缩或残缺处，再用石膏腻子补抹一次。磨平、装玻璃，待腻子干透后，用1号砂纸打磨，注意保护棱角，达到表面光滑平整，角线平直，整齐一致，然后安装玻璃。

(7) 施涂第二遍涂料

方法与第一遍涂料相同。涂料干后修补腻子，待腻子干透后，用1号砂纸或旧砂纸打磨，要轻磨，注意保护棱角。达到表面光滑平整，角线平直，整齐一致。磨平后，用湿布将腻子灰等擦净。

(8) 刷面层调合漆

涂刷时要多刷多理、刷油饱满、不流不坠、光亮均匀、色泽一致。刷完涂料后要立即仔细检查一遍，如发现有缺陷应及时修整。当需要时，可增加面层调合漆的遍数。

3.6.3 施工操作要点

(1) 反锈

反锈一般多发生在钢结构等工程，其主要原因：一是产品在出厂前没有认真除锈就刷防锈漆；二是由于运输和保管不好碰破防锈漆膜；三是钢门、窗或钢结构在安装之前，未认真进行检查，未补做除锈和涂刷防锈漆工作。

(2) 漏刷

漏刷多发生于结构较为复杂的节点和背面等处。因此在施工中应按照规定的顺序进行涂刷，不能乱刷，涂刷施工后应仔细检查。

(3) 缺腻子、缺打砂纸

其原因是操作者未认真按照工艺规程去操作所致。应认真补腻子、打砂纸。

(4) 流坠、裹棱

其原因一是涂料太稀、漆膜太厚或环境温度高、油漆干性慢等；二是操作顺序和手法不当。一旦油量大和操作不注意，就容易造成流坠、裹棱。

(5) 刷纹明显

主要是油棕刷小或油棕刷未泡开，刷毛发硬所致。

(6) 皱纹

主要是油漆质量不好、兑配不均匀、溶剂挥发快或气温高、加催干剂等原因造成的。

(7) 倒光

由于钢吸油快慢不均或表面不平，加上室内潮湿或底层涂料未干透及稀释剂过量等原因，都可能产生局部漆面失去光泽的倒光现象。

3.7 成品保护

(1) 每遍涂饰前，都应将地面、窗台清扫干净，防止尘土飞扬，影响油漆质量。

(2) 每遍涂饰后，都应将门窗扇用梃钩钩住，防止门窗扇、框油漆粘结，破坏漆膜，造成修补及扇活损伤。

(3) 刷油后应将滴在地面或窗台上及碰在墙上的油点清刷干净。

(4) 油漆涂完后，应派专人负责看管，以防止在其表面乱写乱画造成污染。

3.8 溶剂型涂料涂饰施工中的质量问题及其防治

3.8.1 表面起粒

表面起粒是指涂层有颗粒状突起物，造成表面粗糙的现象。

(1) 产生问题的原因

1) 基层表面未处理干净或施工现场灰尘大，尘土、砂粒等混入或落在涂膜表面；

2) 涂料内固体物过粗，涂料内气泡未散开或有结皮的涂料没有很好过筛等原因造成；

3) 喷枪不清洁，施工时当喷枪口小、气压大，以及喷枪与被喷物面距离大，气温又高时，漆粒在未到喷涂表面时已干结，干结的涂料颗粒喷在涂层面上所造成。

(2) 防治措施

1) 基层表面清理干净，施工现场保持清洁；

2) 选用质量好的涂料，施工时应搅匀；

3) 喷枪必须清洁，枪口口径与气压及距喷涂物面的距离调整至合适；

4) 若在已干涂膜表面发现此现象，可用砂纸将表面打磨、清扫后，再涂一遍涂料；

5) 高级装修工种，可用水砂纸或砂蜡打磨涂膜，然后上光蜡（或用抛光膏），使涂膜光滑、柔和。

3.8.2 皱纹

皱纹是指涂膜干燥后，表面形成许多高低不平、弯曲的棱脊痕迹现象。

(1) 产生问题的原因

1) 涂料采用了过多催干剂或挥发快的溶剂而使涂料的干燥时间太短，涂料调配不匀；

2) 涂膜过厚且不均匀；

3)涂刷时气温高,烈日曝晒等使涂膜干燥不均匀所致。
(2)防治措施
1)选用质量优良的涂料;
2)施工温度、湿度要合适;
3)已产生的皱纹,待其干后,用水砂纸打磨或用腻子刮平,然后再涂刷一遍涂料。

3.8.3 刷纹

刷纹是指在涂层表面留下的涂刷的痕迹,也称刷痕。

(1)产生问题的原因
1)涂刷用的刷子太小,并且毛硬,易产生刷纹。另外涂料黏度大,并且所用溶剂挥发较快也易产生刷纹;
2)操作技术欠佳,同一刷涂料反复刷涂多次。
(2)防治措施
1)选用质量优良的涂料及合适的刷子;
2)提高涂刷的操作水平;
3)对已出现的刷纹,可用水砂纸轻轻打磨平整,然后再刷一遍经稀释的涂料。

3.8.4 发花

发花是指由两种以上颜色配制的涂料,在涂刷过程中或干燥后,出现一些颜色不均、泛色、浮色的现象。

(1)产生问题的原因
1)涂料中颜料的密度及颗粒大小不同或使用时涂料未搅匀;
2)涂料黏度太小,涂刷太厚;
3)所用颜料湿润性差与液料不易混合均匀。
(2)防治措施
1)选用优良涂料;
2)施工前把涂料搅匀,每次不能涂刷太厚;
3)对已"发花"的涂层,待干后,用优质涂料,采用软毛刷,重新涂刷一遍,将发花涂膜遮盖住。

3.8.5 渗色(咬色)

渗色是指面层涂料成膜后,底层涂膜的颜色渗透到面层上,所造成涂膜色泽不一致的现象。

(1)产生问题的原因
1)基面上有油污,若在木质基面上,可能在木材节疤上没有作封闭处理或有染料颜色;
2)若面层喷刷硝基漆一类含有溶解力很强的溶剂的涂料,在底层涂膜尚未干透时也会出现这一现象;
3)底层为红色涂膜,面层为浅色涂料时,有时红色会更容易浮现。
(2)防治措施
1)对基面应按要求清理;
2)喷刷面层时,底层涂膜一定要干透;

3）面层涂料应采用与底层涂料颜色一致或相近的涂料，否则，可用虫胶清漆加以隔离。

3.8.6 慢干与返黏

慢干是指涂料的干燥时间超过规定的时间，返黏是指涂层干燥成膜后，仍长期出现发黏的现象。

（1）产生问题的原因

1）涂料质量差；

2）基面不干净，有蜡质、油脂类物质等，或基面潮湿、施工温度太低等因素；

3）施工操作上，底层涂膜未干透就刷第二层，或涂膜太厚、干燥不透。

（2）防治措施

1）选用质优的涂料；

2）施涂前对基面一定要彻底清理，施工环境（包括温度、湿度）应符合要求；

3）轻微的慢干、返黏现象，可加强通风和提高干燥温度；若慢干、返黏情况严重时，可用强溶剂洗掉已涂涂层（或刮净），然后再用优质涂料，重新涂刷。

课题 4　细部涂饰施工

4.1　硝基木器漆细部混色涂饰施工

（1）硝基木器漆的涂饰配套体系是由着色剂、填孔剂、打磨漆和面漆等组成的。

（2）硝基木器漆细部混色涂饰施工工艺和方法见表 4-16 所示。

硝基木器漆细部混色涂饰施工工艺和方法　　　　　表 4-16

序号	工序名称	使用材料和处理方法	干燥时间(20℃)	间隔时间(20℃)
1	着色	着色剂	30min	1h
2	修色	修色剂	30min	1h
3	下涂	封闭底漆	30min	30min
4	填孔1~2道	填孔剂	2~5h	24h
5	木器底漆	高固体清漆	30min	30min
6	第一道打磨漆	打磨漆	30min	10~20h
7	第二道打磨漆	打磨漆	30min	24h
8	打磨	180~240号砂纸	—	—
9	第一道面漆	清漆	30min	24h
10	打磨	240~280号砂纸		
11	第二道面漆	清漆	30min	24h
12	打磨	400号砂纸		
13	最后一道面漆	清漆	30min	24h
14	打磨	600号水砂纸湿磨	—	—
15	抛光	抛光机抛光		

4.2 硝基开孔型木器漆细部混色涂饰施工

(1) 硝基开孔型木器漆的涂饰配套体系是由着色剂、填孔剂、打磨漆和面漆等组成的。

(2) 硝基开孔型木器漆细部混色涂饰施工工艺和方法见表 4-17 所示。

硝基开孔型木器漆细部混色涂饰施工工艺和方法　　　　表 4-17

序号	工序名称	使用材料和处理方法	干燥时间(20℃)	间隔时间(20℃)
1	着色	着色剂擦涂	30min	1h
2	修色	修色剂修补	30min	1h
3	封闭	封闭底漆(很稀薄液)	30min	30min
4	打磨	用 220 号砂纸打磨	—	—
5	打磨底漆	打磨底漆稀薄液	30min	10～20h
6	打磨底漆	打磨底漆稀薄液	30min	10～20h
7	打磨	用 220～240 号砂纸打磨平坦	—	—
8	面漆	喷涂亚光面漆	30min	

4.3 硝基木器漆细部本色涂饰施工

(1) 硝基木器漆的涂饰配套体系是由着色剂、填孔剂、打磨漆和面漆等组成的。

(2) 硝基木器漆细部本色涂饰施工工艺和方法见表 4-18 所示。

硝基木器漆细部本色涂饰施工工艺和方法　　　　表 4-18

序号	工序名称	使用材料和处理方法	干燥时间(20℃)	间隔时间(20℃)
1	底材处理	砂纸打磨抛光木材表面	—	—
2	底材固涂	封闭底漆(喷漆)	30min	30min
3	砂纸打磨	300 号砂纸打磨(去毛刺)		
4	擦涂填孔剂	水性填孔剂或油性填孔剂	120～300min	油性干燥 24h
5	封闭	封闭底漆可比底材固涂的封闭底漆浓度高一些	30min	30min
6	第一道打磨底漆	刷涂第一道中间涂层	30min	10～20h
7	轻度打磨打平	—		
8	第二道打磨底漆	喷、刷涂第二道中间涂层	30min	最好 24h
9	打磨	用 220～240 号砂纸打磨		
10	着色(1～2 道)	喷涂着色剂或着各色涂料,也可擦涂		
11	喷涂第一道面漆	清漆	30min	1h
12	喷涂第二道面漆	清漆	30min	24h
13	打磨	用 320～400 号水砂纸以固体肥皂为打磨剂打磨平坦		
14	抛光	用混合抛光膏抛光,如需要时光泽可以使用上光蜡		

4.4 硝基木器漆的涂膜病态及其防治

硝基木器漆虽然在涂装时较少出现涂膜病态，但当施工条件不良或施工方法不当时仍然会出现一些涂膜病态。下面根据这类涂料涂饰可能出现的质量问题，介绍涂膜出现质量问题的可能原因和防治措施。

4.4.1 橘皮

(1) 涂膜病态解释

涂料涂装后表面不平整，呈现出凹凸不平的状态，称其为"橘皮"现象。

(2) 形成原因

溶剂挥发太快，施工环境温度高，通风过强，喷枪口离被涂物过远，底层吸收涂料过多，被涂物表面温度过高，还有形状复杂的物体、粉尘容易粘附而出现"橘皮"现象。

(3) 防治措施

使用挥发速率慢的溶剂，减缓涂膜干燥速度；喷涂压力适当（一般 0.35～0.5MPa）；喷涂距离适当（小物件一般为 15～25cm，大物件一般为 25～35cm）；被涂物表面温度过高时不要施工；底材进行封闭处理；选用流平性能好的涂料；或在出现"橘皮"现象且条件许可时向涂料中加入流平剂；对于已经出现的"橘皮"，应使用细砂纸将涂膜打磨平整，再施涂一道面漆。

4.4.2 泛白

(1) 涂膜病态解释

涂膜干燥过程中或干燥后变白，无光。

(2) 形成原因

空气中水分凝缩在涂膜表面上，由于涂料中溶剂或施工时的稀释剂使用不当，树脂或硝基纤维素析出，沉淀分离。

(3) 防治措施

溶剂中最不易挥发的组分应当是真溶剂，否则当涂膜干燥时，若真溶剂是易挥发的，则残留在涂膜中的是稀释剂，成膜物质就会产生沉淀凝聚，析出变白，所以一般助溶剂和稀释剂的沸点应比真溶剂的高。最不易挥发的溶剂，挥发速度应比水慢，否则溶剂挥发时涂膜表面温度下降，若到露点以下就会出现发白现象，尤其夏季湿热天气，湿度过大，在干燥过程中更易出现这种现象。若溶剂的挥发速度大于水，则空气中的冷凝水就会留在涂膜中，使白化现象一直保留在涂膜中，甚至会破坏涂膜。若溶剂的挥发速度比水慢，则在干燥过程中，水会先于溶剂挥发，留下来的溶剂使成膜物质处于溶液状态，使变白现象逐渐消失。

4.4.3 干瘪

(1) 涂膜病态解释

涂装数日或数月后，出现以木材导管部分为主体的干瘪塌陷，涂膜光泽越高，干瘪塌陷会越明显。

(2) 形成原因

主要是涂膜不厚，丰满度不高，硝基漆的涂膜本来丰满度就不高，涂膜过薄更易出现干瘪塌陷现象。若底漆是水性涂料，干燥不彻底，填孔效果不好，木材本身没有干透，都会更容易出现这种现象。

(3) 防治措施

选择填孔效果好的填孔剂，采用低黏度、高固体分的涂料，或采用交联反应型的底漆，增加涂装道数等措施都有利于解决或消除干瘪塌陷现象。

4.4.4 桥连

(1) 涂膜病态解释

在涂装时表面塌陷或有孔隙的地方涂料没有完全渗透到里面，像架桥一样的堆积起来。

(2) 形成原因

形成桥连的原因是涂膜干燥过快，凹处的涂膜过厚，使下层和上层涂膜干燥速度因时间关系产生气室，在凹陷处互相索拉而形成桥状连接造成的。

(3) 防治措施

待完全干燥后再涂下一道涂料，选择涂料干燥速度慢的硝基漆，多次薄涂，把被涂物表面清除干净，凹陷处不应有粉尘，要注意喷枪的运行速度，也可以向涂料中适当地加入一些流平剂和消泡剂。

4.4.5 木纹模糊

(1) 涂膜病态解释

木纹边缘和纹理都不清晰，模糊，看起来像罩着一层雾一样。

(2) 形成原因

主要是填孔剂选材不当，透明性不强，打磨漆内使用填充物过多，或研磨细度不够，造成透明性不佳，或者亚光面漆中消光剂选择不当或用量不当等造成的。

(3) 防治措施

合理调整涂料配方，更换选用材料。

4.4.6 流挂

(1) 涂膜病态解释

喷涂垂直物件表面时，在涂膜的形成过程中，湿膜受到重力的影响朝下流动形成不均匀的涂膜，造成条纹状涂痕，称为流挂。

(2) 形成原因

1) 涂料本身性能上存在着缺陷，例如涂料的密度过大。

2) 喷涂前，涂料的黏度被调整得太低。

3) 涂料中混入杂质或施工环境的影响，使被涂物件表面沾有杂质，涂料在杂质处堆积而产生流挂。

4) 一次喷涂过厚。

(3) 防治措施

1) 选择合适的涂料产品；

2) 调节涂料的黏度在合理的范围内；

3) 不要一次喷涂过厚；

4) 保持干净、整洁的施工环境，保持空气清洁；

5) 若涂料中有杂质，应在施工前对涂料采取过滤措施。

4.4.7 失光

（1）涂膜病态解释

涂膜表面光亮度差，光泽下降甚至显得浑浊。

（2）形成原因

1）发白是引起涂膜失光的主要原因，由于发白，造成涂膜表面粗糙，使光线在粗糙平面上发生散射，反射光减少，造成失光；

2）涂膜厚度不够，使涂膜对光线的透过量太多，反射光减少，导致光泽度低。

（3）防治措施

1）采取措施防止涂膜发白；

2）施工时，采取多道喷涂，使涂膜具有所要求的厚度，因为涂膜的光泽是光线照射到涂膜表面反射回来的光通量，因而涂膜的光泽不仅取决于涂膜表面的平整、粗糙度，还取决于涂膜表面对投射光的透过量的多少。

4.4.8 缩孔

（1）涂膜病态解释

湿涂膜在干燥后表面保留有大小不等、分布各异的圆形小坑。

（2）形成原因

空气中的表面张力低的微粒，涂料内部自聚或析出的表面张力低的胶粒或粒子，被涂覆物件表面张力低或局部被表面张力低的物质所污染，当喷涂物件时，这些表面张力低的粒子就能够排斥涂料并向四周推开，形成缩孔。

（3）防治措施

向涂料中加入少量的有机硅类助剂，以降低涂料的表面张力，增加涂料的流平性；施工时注意物件的表面处理，特别是清除干净物件表面的水分和油污等杂质。

4.5 聚氨酯木器漆细部涂饰施工

4.5.1 施工工序

聚氨酯漆属于双组分涂料，涂装前应按产品说明书规定的比例配料并充分搅拌均匀。用聚氨酯漆涂饰家具一般属于高级涂饰，并涂饰成显露木纹的透明涂膜，使用色漆涂饰聚氨酯家具的很少。

聚氨酯漆涂饰和硝基漆的涂饰工艺基本相同，即也分底层处理、刷涂水色，用腻子填孔和涂饰面漆等。

4.5.2 施工方法

（1）底层处理

是将木器底层用砂纸打磨平滑，并使木纹显露。

（2）刷涂水色

是按需要调配颜料浆刷涂一道。

（3）油性色浆填孔

待其充分干燥后擦涂油性色浆填孔。接着，用稀聚氨酯底漆调色着色颜料并刷涂，干燥后用木砂纸轻磨。

（4）涂饰面漆

最后涂饰面漆。刷涂时宜使用干净、不脱毛的软毛漆刷，并将软毛漆刷修剪平整，以保证刷涂均匀和避免饰面粘附漆刷的脱毛而影响涂膜质量。

聚氨酯面漆一般需要刷涂4道左右。一般都在前道表干（约40min）再刷涂后道。这种工艺称为"湿碰湿工艺"，其优点是涂层间的粘结力较高。若涂饰的聚氨酯漆固化时间长了，涂膜已经固化得较坚硬，则需要用砂纸打磨粗糙后，才能再次涂饰，否则涂层间的粘结力不良。待最后一道面漆干透后，可进行水磨、抛光、上光蜡等操作，即得到可以投入使用的光亮的漆面。

刷涂聚氨酯涂料时，应顺着木纹自上而下地刷涂均匀，每道的刷漆量以漆液不流挂为准。

4.5.3 聚氨酯木器漆使用中的几个问题

（1）冬季干燥较慢的问题

在气温较低的冬季涂饰聚氨酯木器涂料，常常碰到干燥较慢的问题。例如冬季涂饰亮光聚氨酯地板涂料和家具涂料时，就常常碰到因为涂料干燥太慢，强度和硬度上不来，并可能影响产品质量和施工工期等。特别是用聚氨酯涂料涂饰家具时，要求当天刷好的3~4遍底漆放至第二天上午就能够充分固化，以具有良好的打磨性。影响聚氨酯木器涂料干燥的因素有以下三类。

1）含羟基树脂的分子量和羟值

分子量越大，羟值越低，涂料的干燥速度越快。

2）固化剂的品种

例如TDI三聚体的干燥速度相对较快。

3）催化剂的品种

叔胺类催化剂（例如AD—1型商品聚氨酯催化剂）的催化效果好，有机锡类催化剂也有冬季不结晶，且催化高效的品种，如SN—25等。

解决聚氨酯木器涂料冬季干燥较慢问题可以通过调整树脂，例如在底漆中加入适量的硝化棉树脂或提高含羟基树脂的分子量和羟值，但这都是制造涂料所采用的措施，在施工时无法使用。施工时可以采用提高固化剂的用量和使用高效的催化剂。例如，二月桂酸二丁基锡类催化剂在冬季会结晶析出，催化的效果降低，冬季涂装聚氨酯涂料时不应使用，而应选用冬季不结晶，锡含量高的催化剂，例如SN—25。

（2）聚氨酯亚光面漆的抗划伤问题

聚氨酯亚光面漆的抗划伤性能不良是该类涂料一直存在的问题，其影响因素是基料用树脂以及它和固化剂配合后所得到的涂膜的性能。这是涂料的固有性能所决定的。例如使用芳香族类固化剂所得到的涂膜较易黄变。此外，还有一些施工因素所带来的问题。例如，木器底材漂白时残留在木器表面的氧化物受到光照射后会氧化变黄而引起涂膜变黄。因而，从施工方面来说，木器经过漂白后，使用氨水或还原性物质进行处理，使残余氧化物分解，能够防止因施工因素带来的聚氨酯涂膜的黄变问题。

（3）聚氨酯木器底漆厚涂起痱子泡的问题

涂饰家具底漆时常采用一天厚涂干燥至第二天打磨，这样可以缩短工时。但涂层厚涂，尤其是家具表面的勾缝里涂层更厚，常会引起严重的气泡现象，俗称痱子泡，在高温高湿度环境下更容易产生，也更严重。这种痱子泡的产生是由于涂膜干燥太快引起的。这种情况的解决方法是使涂料干燥得慢些,例如施工前向涂料中适量地加入慢干性溶剂(一般高沸点溶剂为慢干性溶剂),涂膜干燥慢,溶剂有足够的时间挥发出来,就不会出现起泡的问题。

(4) 咬底问题

咬底的原因是面漆中的溶剂对底漆的溶解所致。一般地说,面漆中的溶剂能够100%溶解底漆涂层,或者面漆溶剂不能够溶解底层涂层,都不会出现咬底现象。但是,当底漆涂层能够部分的被面漆中的溶剂溶解时,就会出现咬底现象。因而,咬底问题多是涂层的配合不适当所致。例如,采用硝基腻子刮底,加上一道聚氨酯漆涂层,不会咬底。但是,再在聚氨酯涂层上涂刷一道聚氨酯漆就会出现咬底,其原因是因为硝基腻子层能够和聚氨酯涂层很好地配合,但硝基腻子膜和聚氨酯涂膜结合后,变成既含有硝基腻子层,又含有交联的聚氨酯复合层,再在其上涂装一道聚氨酯漆,复合层会部分的被聚氨酯中的溶剂溶解,因而造成咬底。可见,解决咬底的方法是正确地设计涂膜配套体系。

4.6 施工操作要点

(1) 防止节疤、裂缝、钉孔等处的缺刮腻子、缺打砂纸现象,操作者应认真按照规程和工艺标准去操作。

(2) 多人合作施工时,应注意相互配合,特别是两人刷涂接头处,应刷平,厚薄应一致。

(3) 防止刷纹明显,操作者应用相应合适的棕刷,并把油棕刷用稀料泡软后使用。

(4) 防止漆面粗糙现象:操作前必须将基层清理干净,用湿布擦净,油漆要过罗,严禁刷油时扫尘、清理。

(5) 严防漆质不好,兑配不均,溶剂挥发快或催干剂过多等,以免造成涂膜表面出现皱纹。

(6) 聚氨酯一般为双组分涂料,应严格按照产品说明书的要求配制,并应在规定时间内用完。

4.7 成品保护

(1) 每遍涂饰前,都应将地面清扫干净,防止尘土飞扬,影响油漆质量。

(2) 刷油后应将滴在地面或碰在墙上的油点清刷干净。

(3) 油漆涂完后,应派专人负责看管,以防止在其表面乱写乱画造成污染。

4.8 安全技术

(1) 对施工操作人员进行安全教育,并进行书面交底,使之对所使用的涂料的性能及安全措施有基本了解,并在操作中严格执行劳动保护制度。

(2) 凡操作基准面在2m以上(含2m)均属高空作业,操作人员必须穿戴紧口工作服、防滑鞋、头戴安全帽和腰系安全带,以防坠落。

(3) 施工现场严禁设涂料材料仓库,涂料仓库应有足够的消防设施。

(4) 施工现场应有严禁烟火安全标语,现场应设专职安全员监督保证施工现场无明火。

(5) 不得在有焊接作业下边施涂油漆工作,以防发生火灾。

(6) 每天收工后应尽量不剩涂料材料,剩余涂料不准乱倒,应收集后集中处理。涂料使用后,应及时封闭存放。废料应及时从室内清出并处理。

(7) 施工时室内应保持良好通风,但不宜过堂风。涂刷作业时操作工人应配戴相应的劳动保护设施,如防毒面具、口罩、手套等。以免危害工人的肺、皮肤等。

(8) 严禁在民用建筑工程室内用有机溶剂清洗施工用具。

4.9 质量验收标准和检验方法

见单元 1 中 2.4 质量验收标准和检验方法。

课题 5 油漆涂饰施工课程技能训练

可根据本地区的实际情况和建筑工程施工的特点,在以下项目中选择进行技能实训考核。

5.1 调合漆颜色的调配

考核应掌握各色调合漆调配的用料和配合比,以及调配的方法和要点。

5.2 调合漆稠度的调配

考核应掌握调合漆由于操作工艺和使用部位的不同,需要调配各种稠度的方法和要点。

5.3 在木材面上着色工艺

考核应懂得在木材面上着色工艺,以及理解并在配色中运用色头的含义,使色彩更丰富逼真,掌握水色、酒色和油色的调配方法。

5.4 在水泥地面涂饰调合漆

考核应掌握地面干湿度的要求和涂饰操作工艺顺序、各顺序的操作要点、质量标准是否正确和其质量通病的防治措施。

5.5 在木门、窗上涂饰清漆

考核其对木材面基层处理的操作工艺是否正确,能否掌握在木材面上涂饰清漆的操作工艺顺序、操作要点和质量标准。

5.6 在木门、窗上涂饰浅色调合漆

考核其对木材面基层处理的操作工艺是否正确,能否掌握在木材面上涂饰浅色调合漆的操作工艺顺序、操作要点和质量标准。

5.7 在金属面上涂饰深色调合漆

考核其对金属面基层处理的操作工艺是否正确,能否掌握在金属面上涂饰深色调合漆

的操作工艺顺序、操作要点和质量标准，如何防治其质量通病。

5.8 在硬木或软木地板上涂饰调合漆或清漆

考核其是否按操作工艺顺序，对基层处理等操作要点能否正确掌握，质量是否达到标准。

5.9 在楼梯木扶手上做聚氨酯清漆磨退

考核其是否按操作工艺顺序施工，能否掌握操作要点，其质量是否达到要求。

5.10 在门窗套上做聚氨酯清漆刷亮

考核其是否按操作工艺顺序施工，能否掌握操作要点，其质量是否达到要求。

5.11 在木材面上做硝基清漆

考核其能否掌握操作工艺顺序和要点，要求达到棕眼平、木纹清。

思考题与习题

1. 木质家具涂饰物面效果分几类？
2. 木质基层产生缺陷的原因有哪些？
3. 刷漆操作顺序是什么？应作到哪些要求？
4. 简述刷漆的四种操作方法。
5. 简述调合漆配色的要点。
6. 配润粉（填孔腻子）有哪两类？其作用分别是什么？
7. 简述油漆稀释中应注意哪些事项。
8. 着色剂的调配有哪些方法？其作用分别是什么？
9. 试述木地板混色漆与清漆涂饰施工工艺有什么不同。
10. 试述水泥地面涂饰溶剂型涂料与涂饰环氧树脂厚涂料在施工工艺上有何不同点。
11. 试述木门、窗刷（喷）混色漆涂饰施工工艺。
12. 试述钢门、窗刷（喷）调合漆涂饰施工工艺。
13. 木门、窗与钢门、窗的基层处理有哪些不同？
14. 木门、窗刷（喷）混色漆与刷（喷）清漆涂饰在施工工艺上有什么不同？

单元 5 裱糊饰面施工

知 识 点：施工准备；专用施工工具；施工工艺与方法；操作要点；成品保护；安全技术；施工质量验收标准与检验方法。

教学目标：通过课程教学和技能实训，选择较典型内墙（顶棚）裱糊饰面的实例，在实训老师与技工师傅的指导下，进行实际操作。结合装饰工程施工的相关岗位要求，强化学生认知内墙（顶棚）裱糊饰面的常用材料。通过组织内墙（顶棚）裱糊饰面的施工作业，使学生熟悉并掌握施工工艺与方法和操作要点，正确使用施工工具和机具及维修保养，能用质量验收标准与检验方法组织检验批的质量验收，能组织实施成品与半成品保护和安全技术措施。

课题 1 壁纸、墙布裱糊施工准备

1.1 材料准备

1.1.1 裱糊材料的特点和要求

（1）壁纸、墙布应整洁，图案清晰。PVC 壁纸的质量应符合现行《聚氯乙烯壁纸》（GB/T 8945—1988）的规定。

（2）壁纸、墙布的图案、品种、色彩等应符合设计要求，并应附有产品合格证。

（3）胶粘剂应按壁纸和墙布的品种选配，并应具有防霉、防菌、耐久等性能，如有防火要求则胶粘剂应具有耐高温不起层性能。

（4）裱糊材料，其产品的环保性能应符合《民用建筑工程室内环境污染控制规范》（GB 50325—2001）的规定。

（5）所有进入现场的产品，均应有产品质量保证资料和近期检测报告。

1.1.2 裱糊材料的选用

（1）壁纸、墙布

壁纸、墙布的品种繁多，要根据建筑物的用途、保养条件、功能要求、造价、风俗习惯、个人性格等方面综合考虑，从品种、图案和色彩三个方面选择。

（2）胶粘剂

胶粘剂有成品胶粘剂和现场配制胶粘剂。

1）成品胶粘剂有粉状和液体两种。它的性能好、施工方便，现场加适量水后即可使用，条件许可的情况下应优先考虑。

成品胶粘剂品种主要有：801胶、聚醋酸乙烯胶粘剂（白乳胶）、SG8104胶、粉末壁纸胶（BJ8504、BJ8505）。一般进口的壁纸多附有配套的粘结剂（胶浆或壁纸粉），如德国产 AICAFIEX 墙纸粉、METYIAN 汉高墙纸粉等。用墙纸粉调成的胶浆，一般涂于墙

纸背面，而不涂在墙上。胶粘剂应与饰面材料配套使用，防止两者发生不良化学反应，影响饰面材料的正常使用。

2) 现场配制胶粘剂

没有成品胶粘剂时，可根据壁纸、墙布的性质，现场配制胶粘剂。裱糊壁纸、墙布常用胶粘剂配合比见表5-1、表5-2所示。

常用壁纸胶粘剂配合比　　　　　　表5-1

序号	壁纸名称	胶粘剂配合比（质量比）
1	纸面纸基壁纸	1. 面粉加酚0.02%或硼酸0.2% 2. 面粉加明矾10%或甲醛0.2% 3. 108胶：羧甲基纤维素（4%水溶液）＝7.5：1
2	塑料壁纸	1. 108胶：羧甲基纤维素（2.5%水溶液）：水＝100：30：50 2. 108胶：聚醋酸乙烯乳胶：水＝100：20：适量 3. 羧甲基纤维素：聚醋酸乙烯乳胶（掺少量108胶）＝100：30 4. 108胶：水＝1：1

常用墙布胶粘剂配合比　　　　　　表5-2

序号	墙布名称	胶粘剂配合比（质量比）
1	无纺墙布	1. 聚醋酸乙烯乳胶：化学糨糊：水＝4：5：1 2. 聚醋酸乙烯乳胶：羧甲基纤维素（2.5%水溶液）：水＝5：4：1
2	玻璃纤维墙布	聚醋酸乙烯乳胶：羧甲基纤维素（2.5%水溶液）＝60：40
3	进口墙纸	墙纸粉与水的比例有1：15、1：20、1：40三种（分别裱糊塑料薄膜墙纸、厚墙纸和经过预处理的墙纸。使用时先溶于冷水中，搅拌1～2min，应边加粉边搅拌，否则容易结块。静止25min后，再彻底搅拌一次，呈糊状即可使用）
4	PVC墙纸	801胶、SG8104胶等，胶粘剂宜按墙纸的品种选配

3) 胶粘剂使用要求

(a) 对墙面和壁纸背面都有良好的粘结力。

(b) 应具有一定的耐水性。施工时，墙面基层不一定完全干燥，胶粘剂应能在基层有一定含水量的情况下，顺利地使用。施工完毕后，基层所含的水分通过壁纸或拼缝处逐渐向外蒸发。另外，在墙面使用的过程中为了维护清洁，需要对壁纸进行湿擦，因而在拼缝处，可能会渗入水分，胶粘剂在这种情况下应保持相当的粘结力，而不致产生壁纸剥落等现象。

(c) 具有一定的耐胀缩性。塑料壁纸虽然主要在室内使用，但其使用寿命仍是一个重要问题。胶粘剂应能适应由于阳光、温度及湿度变化等因素引起材料的胀缩，不致产生开胶脱落等情况。

(d) 具有一定防霉作用。因为霉菌的产生不仅会在壁纸和基层之间产生一个隔离层，影响粘结力，而且，还会产生使壁纸表面变色的不良后果。

4) 腻子

腻子用作修补填平基层表面的麻点、凹坑、接缝、钉孔等。现场配制腻子常用的腻子品种及其配合比见表5-3所示。腻子的粘结强度应符合《建筑室内用腻子》（JG/T 3049—1998）N型的规定。

常用的腻子品种及其配合比　　　　　　　表 5-3

名　称	石膏	滑石粉	熟桐油	羧甲基纤维素溶液（浓度2%）	聚醋酸乙烯乳胶
乳胶腻子	—	5	—	3.5	1
乳胶石膏腻子	10	—	—	6	0.5～0.6
油性石膏腻子	20	—	7	—	50

5）基层涂料

基层涂料起封闭基底作用，有利于涂刷胶粘剂及减少基层吸水率。常用于裱糊的基层涂料及配合比见表5-4所示。

裱糊基层涂料及配合比　　　　　　　表 5-4

涂料名称	聚醋酸乙烯乳液	羧甲基纤维素	酚醛清漆	松节油	水	备注
108胶涂料（一）	1	0.2	—	—	1	用于抹灰墙面
108胶涂料（二）	1	0.5	—	—	1.5	用于油性腻子墙面
清油涂料	—	—	1	3	—	用于石膏板、木基层

1.2　基层处理

裱糊工程要求基层坚实、平整、表面光滑，不疏松起皮、掉粉，无砂粒、孔洞、麻点和毛刺，污垢和浮尘要清理干净，表面颜色应一致。原则上基层表面应垂直方正，平整度符合规定，混凝土或抹灰基层含水率不大于8%，木材基层的含水率不得大于12%。

1.2.1　抹灰基层处理

满刮腻子一遍并用砂纸磨平，若有气孔、麻点、凸凹不平时，应增加满刮腻子和砂纸磨的次数。刮腻子前，须将混凝土或抹灰面清扫干净，刮腻子时要用刮板有规律地操作，一板接一板，两板中间再顺一板，要衔接严密，不得有明显的接槎与凸痕。凸处薄刮，凹处厚刮，大面积找平。干透后，再用砂纸打磨，扫净。要注意石灰的熟化时间，未充分熟化的石灰，会产生爆灰，贴后会把壁纸胀破。阳角部位宜用高强度等级水泥砂浆做护角，否则会因局部破损导致大面积更换壁纸。

1.2.2　木质、石膏板基层

木质基层要求接缝不显接槎，不外露钉头。接缝、钉眼须用腻子补平并满刮腻子一遍，用砂纸磨平。如果吊顶使用胶合板，板材不宜太薄，特别是面积较大的厅、堂，吊顶板宜在5mm以上，以保证刚度和平整度，有利于裱糊质量。在纸面石膏板上裱糊塑料壁纸，在板墙拼接处应用专用石膏腻子及穿孔纸带进行嵌封。在无纸面石膏板裱糊壁纸，板面须先刮一遍乳胶石膏腻子。

1.2.3　基层不同的处理

如石膏板和木基层相接处，应用穿孔纸带粘糊，以防止裱糊后的壁纸面层被拉裂撕开。

1.2.4　底层涂料

经处理合格的基层应涂一层底胶，其作用为防止墙身吸水太快，使胶粘剂脱水而影响壁纸粘贴。还可克服由于基层吸水速度不一致而造成表面干湿不均的现象。底胶所用的材料，应根据装饰的部位及等级和环境而择定。在相对湿度比较大的南方，做室内高级装饰比较理想的材料是酚醛清漆和光油，不仅可用裱糊，还可起到阻止基底返潮的作用。北方较干燥，可用1∶1的801胶水涂刷于基层。底胶或刷底油要满涂墙面，按顺序涂抹均匀，不宜过厚，以免流淌。对吸水特别大的基层，如纸面石膏板等，需涂刷两遍。

1.3 施工主要工具、机具

裱糊工程所用的工具主要有：活动裁刀、薄钢片刮板、橡胶刮板、胶辊、金属滚筒、铝合金直尺、钢板抹子、钢卷尺、油灰刀、剪刀、2m直尺、水平尺、排笔、板刷、小台秤、裁纸台案、注射用针管和针头、软布和干净的毛巾等。

1.4 施 工 条 件

（1）顶棚喷浆、门窗油漆和地面装修已完成，并将面层保护好。

（2）水、电及设备、顶墙预留预埋件已完。

（3）裱糊工程基体或基层的含水率：混凝土和抹灰不得大于8％；木材制品不得大于12％。直观灰面反白，无湿印，手摸感觉干。

（4）突出基层表面的设备或附件已临时拆除卸下来，待壁纸贴完后，再将部件重新安装复原。

（5）较高房间已提前搭设脚手架或准备铝合金折叠梯子，不高房间已提前钉好木马凳。

（6）根据基层面及壁纸的具体情况，已选择、准备好施工所需要的腻子及胶粘剂。对湿度较大的房间和经常潮湿的表面，已备好有防水性能的塑料壁纸和胶粘剂等材料。

（7）壁纸或墙布的品种、花色、色泽样板已确定。

（8）裱糊样板房间，经检查鉴定合格可按样板施工。已进行技术交底，强调技术措施和质量要求标准。

课题2 内墙（顶棚）裱糊饰面施工

2.1 壁纸施工工艺和方法

2.1.1 施工工序

壁纸裱糊的主要施工工艺见表5-5所示。

2.1.2 施工方法

（1）塑料壁纸

1）裱糊前准备工作

裱糊前先将突出基层表面的设备或附件卸下。钉帽应钉入基层表面并涂防锈漆，钉帽用腻子填平。施工中及裱糊后壁纸未干前，应封闭房间，以防穿堂风和气温突变，损坏壁纸。冬期施工时应在采暖条件下进行。

壁纸裱糊的主要施工工艺　　　　　表 5-5

项次	工序名称	抹灰面			石膏板面			木质面		
		复合壁纸	塑料壁纸	带背胶壁纸	复合壁纸	塑料壁纸	带背胶壁纸	复合壁纸	塑料壁纸	带背胶壁纸
1	清扫基层、填补缝隙、磨砂纸	+	+	+	+	+	+	+	+	+
2	接缝处糊条				+	+	+			
3	找补腻子、磨砂纸				+	+	+	+	+	+
4	满刮腻子、磨平	+	+							
5	涂刷涂料一遍							+	+	+
6	涂刷底胶一遍	+	+		+	+		+	+	
7	墙面画准线	+	+	+	+	+	+	+	+	+
8	壁纸浸水湿润	+	+		+	+		+	+	
9	壁纸涂刷胶粘剂	+	+		+	+		+	+	
10	基层涂刷胶粘剂	+	+		+	+		+	+	
11	纸上墙、裱糊	+	+	+	+	+	+	+	+	+
12	接缝、搭接、对花	+	+	+	+	+	+	+	+	+
13	赶压胶粘剂、气泡	+	+	+	+	+	+	+	+	+
14	裁边		+			+			+	
15	擦净挤出的胶液	+	+		+	+		+	+	
16	清理修整	+	+	+	+	+	+	+	+	+

注：1. 表中"+"号表示应进行的工序。
　　2. 不同材料的基层相接处应糊条。
　　3. 混凝土和抹灰表面必要时可增加满刮腻子遍数。
　　4. "裁边"工序，在使用宽为 920、1000、1100mm 等需重叠对花的 PVC 压延壁纸时进行。

2) 弹线、预排

底油干后即可弹线，为了使壁纸裱糊时边线水平和垂直、花纹图案纵横连贯一致。按壁纸的标准宽度找规矩，将窄条纸的裁切边留在阴角处。弹线越细越好，防止贴斜。为使壁纸花纹对称，应先弹好墙面中线，再往两边分线，见图 5-1 所示。壁纸粘贴前，应预先拼试贴，观察其接缝的效果，准确地决定裁纸边缘尺寸及对好花纹、花饰。

3) 测量与裁剪

在掌握房间基本尺寸的基础上，按房间大小及壁纸的幅宽决定拼缝的部位、尺寸及条数。按墙顶到墙脚的高度在墙上量好尺寸后，两端各留 50mm，以备修剪。有图案花纹连贯衔接要求的壁纸，要考虑完工后的花纹图案效果及光泽特征，最好先裱糊一片，经仔细对比再裁第二片，以保证对接无误，在留足修剪余量的前提下，可一次裁完，顺序编号待用，见图 5-2 所示。

裁剪时要考虑壁纸的接缝方法，一般采用对接接缝，使接缝不易被看到为佳。

4) 浸水

浸水是指用清水湿润纸面，使其能够得到充分的伸缩，免得在裱糊时遇到粘结剂而发生伸缩不均。若伸缩不均，则在表面起皱，影响裱糊。

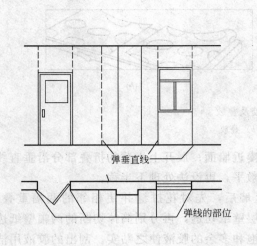

图 5-1 墙面弹线位置示意图

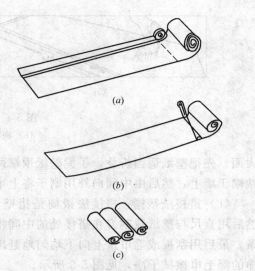

图 5-2 壁纸、墙布的裁剪
（a）定尺寸；（b）裁剪；（c）放置

是否浸水，不同种类的壁纸对其反应也不一样，反应比较明显的是纸胎塑料壁纸，因为只有纸遇湿伸缩比较严重而起皱，金属壁纸也一样。有些复合壁纸和墙布壁纸只要润水，用湿布在壁纸背面抹几遍，晾干后使用。有些壁纸无需浸水或润水。将裁好的塑料壁纸卷成一卷放入盛水的容器内，浸泡 3～5min，取出晾干待用。润纸的两种方法见图 5-3 所示。

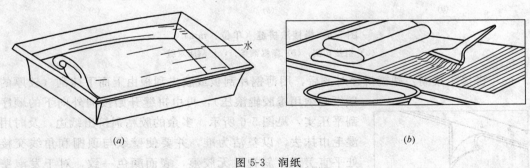

图 5-3 润纸
（a）浸水；（b）刷水

5）涂刷胶粘剂

在裱糊的基体上表面涂刷胶粘剂，刷胶的宽度略大于壁纸幅宽约 30mm，涂刷时要均匀。对复合壁纸和塑料壁纸的背面可以刷胶，以提高壁纸的初始粘结力，但墙布及壁毡的背面不刷胶，以免污染正面。带背胶的壁纸，不须刷胶，可浸水后直接裱糊墙上。为了有足够的操作时间，壁纸背面和基层表面要同时刷胶。涂刷要薄而均匀，不裹边，不宜过多、过厚或起堆，以防裱糊时胶液溢出而污染壁纸；也不可刷得过少，不可漏刷，见图 5-4（a）、（b）所示。

6）裱糊壁纸

（a）裱糊原则：刷完胶结剂后即可裱糊，裱糊原则是先上后下，先高后低，先细部后

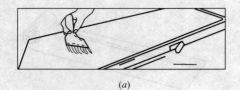 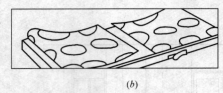

图 5-4 刷胶及叠放
(a) 刷胶；(b) 叠放

大面。先把壁纸适当折叠，手握壁纸顶端两角凑近墙面；展开上半截的折叠部分沿垂直线裱糊于墙上，然后由中间向外用刷子将上半截敷平，再设法处理下半截。

(b) 搭接法裱糊：搭接法裱糊是指壁纸上墙后，先对花拼缝并使相邻的两幅重叠，然后用直尺与壁纸裁割刀在搭接处的中间将双层壁纸切透，再分别撕掉切断的两幅壁纸边条。最后用刮板或毛巾从上向下均匀地赶出气泡和多余的胶液使之贴实。刮出的胶液用洁净的湿毛巾擦拭干净，见图 5-5 所示。

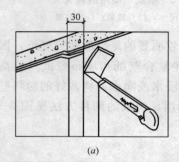 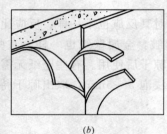 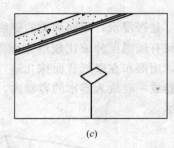

图 5-5 搭接法拼缝（单位：mm）
(a) 搭接切割；(b) 撕揭纸条；(c) 刮压对缝

(c) 拼接法裱糊：裱糊拼缝对齐后，用薄钢片刮板或胶皮刮板由上而下抹刮（较厚的壁纸必须用橡胶辊滚压），再由拼缝开始按向外向下的顺序刮平压实，见图 5-6 所示。多余的胶粘剂挤出纸边，及时用湿毛巾抹去，以整洁为准，并要使壁纸与顶棚和角线交接处平直美观，斜视时无胶痕，表面颜色一致，对于发泡壁纸、复合壁纸、植绒壁纸、金属壁纸等表面易刮伤的壁纸，不能用塑料刮板等硬件赶平压实，只能用海绵或软布进行赶平。

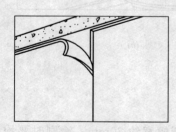

图 5-6 拼接法拼缝

(d) 一些特殊部位的处理：在转角处，壁纸应超过转角裱糊，超出长度一般为 50mm。不宜在转角处对缝，也不宜在转角处为使用整幅宽的壁纸而加大转角部位的张贴长度。如整幅壁纸仅超过转角部位在 100mm 之内可不必剪裁，否则，应裁至适当宽度后再裱糊。阳角要包实，阴角要贴平，见图 5-7 所示。对于不能拆下的凸出墙面的物体，可在壁纸上剪口。方法是将壁纸轻轻糊于墙面突出物件上，找到中心点，从中心往外剪，使壁纸敷平裱于墙上，然后用笔轻轻标出物件的轮廓位置，慢慢拉起多余的壁纸，剪去不需要的部分，四周不得留有空隙，见图 5-8 所示。

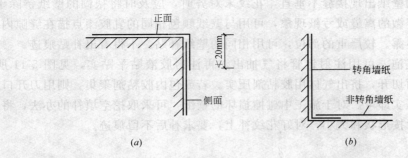

图 5-7 阴阳角处理
(a) 阳角；(b) 阴角

(e) 顶棚裱糊：第一张要靠近主窗，与墙面平行。长度过短（小于 2m）时，则可跟窗户成直角粘贴。在裱糊第一张前，须弹出一条直线。其方法为：在距吊顶面两端的主窗墙角 10mm 处用铅笔做两个记号，于其中一个记号处敲一枚钉子；在吊顶处弹出一道与主窗墙面平行的粉线，将已刷好胶并折叠好的壁纸用木柄撑起展开顶折部分，边缘靠近粉线，先敷平一段，再展开下一段，用排笔敷平，直至整张贴好为止，见图 5-9 所示。

(f) 水平式裱糊：水平式裱糊则在离顶棚或壁角小于壁纸宽度 5mm 处，横过墙壁弹一条水平线，作为第一张壁纸的基准线，见图 5-10 所示。

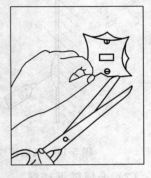

图 5-8 壁纸剪口

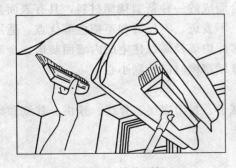

图 5-9 裱糊顶棚

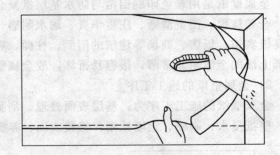

图 5-10 水平式裱糊

7) 修整

壁纸上墙后，若发现局部不合质量要求，应及时采取补救措施。如纸面出现皱纹、死折时，应趁壁纸未干，用湿毛巾轻拭纸面，使壁纸湿润，用手慢慢将壁纸舒平，待无皱折时，再用橡胶辊或刮板赶压平整。如壁纸已干结，则要将壁纸撕下，把基层清理干净后，再重新裱糊。如果已贴好的壁纸边缘脱胶而卷翘起来，即产生张嘴现象时，要将翘边壁纸翻起，检查产生的原因，属于基层有污物者，应清理干净，补刷胶液粘牢；属于胶粘剂胶性小的，应改换用胶性较大的胶粘剂粘贴；如果壁纸翘边已坚硬，应使用粘结力较强的胶粘剂贴，还应加压粘牢粘实。

如果已贴好的壁纸出现接缝不垂直，花纹未对齐时，应及时将裱糊的壁纸铲除干净，重新裱糊。对于轻微的离缝或亏纸现象，可用与壁纸颜色相同的乳胶漆点描在缝隙内，漆膜干后一般不易显露。较严重的部位，可用相同的壁纸补贴，不得看出补贴痕迹。

如纸面出现气泡，可用注射针管将气抽出，再注射胶液贴平贴实，见图 5-11 所示。可用刀在气泡表面切开，挤出气体用胶粘剂压实。若鼓包内胶粘剂聚集，则用刀开口后将多余胶粘剂刮去压实即可。对于施工中碰撞损坏的壁纸，可采取挖空填补的办法，将损坏的部分裁去，然后按形状和大小，对好花纹补上，要求补后不留痕迹。

8) 清理

全部裱糊完后，要进行修整，裁去底部和顶部的多余部分及搭缝处的多余部分，见图 5-12、图 5-13 所示。

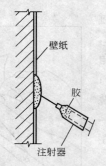
图 5-11 气泡注胶法

图 5-12 修齐底端

(2) 金属壁纸裱糊

1) 材料的特点和适用范围

金属壁纸是用彩色印刷铝箔与防水基层纸复合而成的一种新型裱糊材料，具有表面光洁、金碧辉煌、图案清晰、庄重华贵、耐水耐磨、不发斑、不发霉和不褪色等优点，适用于高级宾馆、饭店、商场等建筑的门面、柱面、客厅内墙及高级住宅的内墙面装饰。金属壁纸上面的金属箔非常薄，很容易折坏，故金属壁纸裱糊时应特别小心。

2) 金属壁纸的施工工序

金属壁纸的施工工序为：基层表面处理、刮腻子、封闭底层、弹线、预拼、裁纸和编号、壁纸浸水、刷胶、上墙裱糊、修整表面、养护。

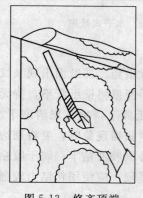
图 5-13 修齐顶端

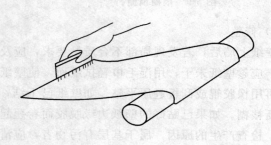
图 5-14 金属壁纸刷胶

3）壁纸浸水

将金属壁纸浸入水中 1~2min 即可，抖去水，阴干 5~8min。

4）刷胶

金属壁纸浸水后立即刷胶，金属壁纸背面及基层应同时刷胶。胶粘剂应用金属壁纸专用胶粉配制，不得使用其他胶粘剂。

金属壁纸刷胶时应特别慎重，勿将壁纸上金属箔折坏。最好将裁好浸过水的壁纸，一边在其背面刷胶，一边将刷过胶的部分（使胶面朝上）卷在一卷未开封的发泡壁纸或长度大于壁纸宽的圆筒上，见图 5-14 所示。但卷前一定将圆筒扫净擦净，不得有任何浮土、尘土、砂粒或其他垃圾存在。

5）上墙裱糊

（a）先用干净的布擦抹一下基层面，对不平处再次刮平。

（b）金属壁纸收缩量很少，搭接和对接均可。

（c）金属壁纸带有图案，故须对花拼接。施工时两人配合操作，一人负责对花拼缝，一人负责手托已上胶的金属壁纸卷，逐渐放展，一边对缝裱贴，一边用橡胶刮子将壁纸刮平。刮时须从壁纸中部向两边压刮，使胶液向两边滑动而使壁纸裱贴均匀。刮时应注意用力均匀、适中，刮子面应放平，不得以刮子尖端刮压，以免金属壁纸表面刮伤。

6）修整表面

刮金属壁纸时，如两幅壁纸之间有小缝存在，则应用刮子在后粘贴的壁纸面上向先粘贴的壁纸一边轻刮，使缝逐渐缩小，直至小缝完全闭合为止。

7）其他施工工序

同一般壁纸。

2.2 墙布施工工艺和方法

2.2.1 施工工序

墙布裱糊主要工序见表 5-6 所示。

墙布裱糊主要工序　　　　　　表 5-6

序号	工序名称	混凝土、抹灰面	石膏板面	木质面
1	清扫基层、填补缝隙磨砂纸	+	+	+
2	接缝处糊条		+	+
3	找补腻子、磨砂纸		+	+
4	满刮腻子、磨平	+		
5	涂刷涂料一遍	+		
6	涂刷底胶一遍	+	+	+
7	墙面划准线	+	+	+
8	基层涂刷胶粘剂	+	+	+
9	墙布上墙、裱糊	+	+	+
10	拼缝、搭接、对花	+	+	+
11	赶压胶粘剂、气泡	+	+	+
12	擦净挤出的胶液	+	+	+
13	清理修整	+	+	+

2.2.2 施工方法

(1) 锦缎的裱糊

1) 材料的特点和适用范围

近年来,在一些高级宾馆、饭店、酒吧和娱乐场所的内墙兴起了一种软包装饰热,即在建筑的内墙、内柱面等处用丝绒、呢料和锦缎等高级织物进行装饰,以求最佳的使用功能和装饰效果。

丝绒色彩华丽、质感厚实,给人们以温暖感,适合作室内隔墙裱糊或浮挂,还可以用来加工窗帘。

呢料多为粗毛或仿毛化纤织物及麻类织物,纹理古朴、厚实、吸声、隔声性能好,质感粗实厚重、温暖感好,适合大型厅堂柱面等裱糊装饰。

锦缎是一种纺织品,主要特点是纹理细腻。柔软绚丽、高雅华贵、古朴精致,其价格远远高于一般内墙、柱面的裱糊材料,在古代建筑和现代高级公共建筑和住宅内墙裱糊中应用广泛。主要缺点是柔软变形、挺括性差、不耐潮湿,受潮后容易霉变,防火性能差。锦缎裱糊的技术性和工艺性要求较高,施工者需耐心细致地进行操作。

2) 裱糊施工工序

其施工工序为:基层表面处理→刮腻子→封闭底层→涂防潮底漆→弹线→开幅→缩水上浆→衬底→裁纸编号→刷胶→上墙裱糊→修整表面→涂防虫涂料。

3) 基层表面处理

墙面基层必须干燥、洁净、平整。先用稀薄的清油满刷一遍,洞缝处要刷足,且不流挂。待清油干后,用胶油腻子将洞缝填补。

清油的调配:清油是由油基清漆和200号溶剂汽油配成。其配合比为1:1~1:1.2。如用熟桐油调配,熟桐油与200号溶剂汽油为1:1.5。不论油基清漆调配或熟桐油调配,两者应混合均匀才可使用。

胶油腻子调配:胶油腻子是由油基清漆、108胶、石膏粉和大白粉调配而成。可用于抹灰砂浆墙面、水泥砂浆墙面、木质墙面和石膏板等表面作为粘贴锦缎墙面的腻子涂层。

4) 刮腻子、封闭底层、涂防潮底漆

待胶油腻子干后,再用胶油腻子大面积批刮一遍,使墙面基本达到平整。待头遍腻子干后,用砂纸粗打一遍,再批刮第二道腻子,做到收净刮清。腻子嵌批完毕后,用砂纸磨光滑,除光后先刷清油一道。如墙面色泽不一,可改用色油。

5) 弹线

锦缎在粘贴前,首先挂垂线找出贴一幅的位置。一般从房间的内角一侧开始。在一幅的边缘处,用线锤挂好垂直线,用与锦缎同色的笔画出垂直线,以作为标志。然后用粉线袋弹出距地面1.3m处的水平线,使水平线与垂直线相互垂直。水平线应在四周墙面弹通,使锦缎粘贴时,其花型与线对齐,花型图案达到横平竖直的效果。

6) 开幅

计算出每幅锦缎的长度,开幅时留出缩水的余量,一般幅宽方向为0.5%~1%,幅长方向为1%左右;如需对花纹图案的锦缎,就要放长一个图案的距离,然后计算出所需幅数。开幅时要考虑到两边图案的对称性,门窗转角等处要计算准确。

7) 缩水上浆

将开幅裁好的锦缎浸没清水中，浸泡5～10min后，取出晾至七八成干时，放到铺有绒面的工作台上，将锦缎正面朝下、背面朝上，并将锦缎两边压紧，用排刷沾浆从锦缎中间向两边刷浆。糨糊的配比为（质量比）纯净上等面粉：防虫涂料：水＝5：40：20，面粉须用纯净的高级特粉，越细越好，防虫涂料可购成品。配好后要仔细搅拌，直至拌成稀薄适度的浆液为止（水可视情况加温）。涂刷要非常均匀，浆液不宜过多，以打湿锦缎背面为准。

8) 锦缎裱纸（俗称托纸）

（a）托纸：在另张平滑的台面上，平铺一张幅宽大于锦缎宽的宣纸，用水打湿，使其平贴桌面托起，将有浆液的一面朝下，贴于打湿的宣纸上，并用塑料刮片，从中间向四边刮压，以粘贴均匀，待打湿的宣纸干后，即可从桌面取下，平摊在工作台上用电熨斗熨平伏整齐，待用。

（b）褙细布：将细布也浸泡缩水晾至未干透时，平铺在工作台上刮糨糊，待糨糊半干时，将锦缎与之对齐粘贴，并垫上牛皮纸用滚筒压实，也可垫上潮布用熨斗熨平待用。

这两种衬底方法可选用一种。

（c）裁纸、编号：锦缎属高档装饰装修材料，价格较高，裱纸较困难，裁剪不易，故裁剪工艺应严格要求，勿使裁错，导致浪费。同时为了保证锦缎的颜色、花纹的一致，裁剪时应根据锦缎的具体花色、图案及幅宽等仔细设计，认真裁剪。

锦缎的幅边有宽约4～5cm的边条，无花纹图案，为了粘贴时对准花纹图案，在熨烫平伏后，将锦缎置于工作台上用钢直尺压住边，用锋利的裁纸刀将边条裁去，应根据预拼结果一一编号备用。

9) 刷胶、上墙裱糊

向墙面刷胶粘剂，胶粘剂可以采用滚涂或刷涂。胶粘剂涂刷的面积不宜太大，应刷一幅宽度，粘一幅。同时，在锦缎的背面刷一层薄薄的水胶（水：108胶＝8：2），要刷匀，不漏刷。刷胶后的锦缎应静止5～10min后上墙粘贴。

锦缎第一幅应从不明显的阴角开始，从左到右，按垂线上下对齐。粘贴平整；贴第二幅时，花型对齐。上下多余部分，随即用美工刀划去。如此粘贴完毕。贴最后一幅，也要贴阴角处，凡花型图案无法对齐时，可采用取两幅叠起裁划方法，然后将多余部分去掉，再在墙上和锦缎背面局部刷胶，使两边拼合贴密。

10) 修整表面

锦缎裱糊完后，应进行全面检查，如有翘边用白胶补好；有气泡应赶出；有空鼓（脱胶）用针桶灌注，并压实严密；有皱纹要刮平；有离缝应重新做处理；有胶迹用洁净湿毛巾擦净，如普遍有胶迹时，应满擦一遍。

11) 涂防虫涂料

因为锦缎是丝织品易被虫咬，故表面必须涂以防虫涂料。

12) 其他施工工序

其他施工工序同一般壁纸。

（2）纯棉装饰墙布裱糊

1) 材料的特点和适用范围

纯棉装饰墙布又称纯棉织物布，它是将纯棉布经过处理、印花、涂敷耐磨树脂而成，其主要特点是静电小、强度高、蠕变性小、无光、无毒、无味、吸声、隔声性能好、花色、图案宜人、无公害，是环保型的装饰材料，适合于混凝土墙面、水泥砂浆墙面、石膏板、胶合板、纤维板和石棉水泥板等基层的饭店、宾馆、写字楼等公共建筑的内墙裱糊装饰。

2) 基层表面处理

首先把墙面上的灰浆疙瘩、灰渣清理打扫干净，用水、石膏或胶腻子把磕碰坏的麻面抹平。

3) 刮腻子、刷底胶

按滑石粉∶羧甲基纤维素∶聚醋酸乙烯乳胶∶水＝1∶0.3∶0.1∶适量组成的腻子，用刮板在墙上满刮胶腻子，待腻子干燥后用砂纸或砂布磨平，并打扫干净，再刷一道108胶∶水＝3∶7的底胶。

4) 裁布

裱糊前，根据墙面需要粘贴的长度，适当放长10～15cm，再按花色图案，以整倍数进行裁剪，以便于花型拼接。裁剪的墙布要卷拢平放在盒内备用。切忌立放，以防碰毛墙布边。一般在桌子上裁布，也可以在墙上裁。

5) 刷胶

在布背面和墙上均刷胶。胶的配合比为108胶∶4%纤维素水溶液∶乳胶∶水＝1∶0.3∶0.1∶适量。墙上刷胶时根据布的宽窄，不可刷得过宽，刷一段糊一张。胶粘剂随用随配，当天用完。

6) 上墙裱糊

选好首张糊贴位置和垂直线即可开始裱糊。从第二张起，裱糊先上后下进行对缝对花，对缝必须严密不搭接，对花端正不走样，对好后用板式鬃刷舒展压实。挤出的胶液用湿毛巾擦干净，多出的上、下边用刀割齐整。在裱糊墙布时，阳角不允许对缝，更不允许搭接，客厅、明柱正面不允许对缝；门、窗口面上不允许加压布条。

7) 不需预先浸水

由于纯棉装饰墙布无吸水膨胀的特点，故不需要预先用水浸水。

8) 其他工序

与壁纸基本相同。

(3) 无纺墙布裱糊

1) 材料的特点和适用范围

无纺贴墙布是采用天然棉、麻纤维或涤纶、腈纶等合成纤维，经无纺成型、涂布树脂、印刷彩色花纹而成的一种内墙裱糊材料。

主要特点是挺括性好、富有弹性、不折、不老化、对皮肤无刺激作用、图案色彩鲜艳且不褪色，透气性、防潮性、耐擦洗性都较好。涤纶棉无纺墙布除具有麻质无纺墙布的优点外，还具有质地细腻、光滑、手感好等特点，是一种高级裱糊材料，适用于高级公共建筑和高级住宅的内墙装饰。

2) 基层表面处理

清除墙面砂浆、灰尘。油污等应用碱水洗净并用清水冲洗干净；如曾刷过灰浆或涂过涂料，应用刮刀将其适当刮除。

无纺墙布遮盖力较差，如基层颜色较深时，应满刮石膏腻子或在胶粘剂中掺入适量白色涂料。

3）刮腻子

当墙面表面凹凸不平，有麻点、蜂窝及孔洞时，应用腻子填平，腻子的配合比为滑石粉∶羧甲基纤维素∶聚醋酸乙烯乳胶∶水＝1∶0.3∶0.1∶适量。然后用刮刀刮平，最后用砂纸或砂布磨平。

4）弹线

在墙顶处敲进一枚钉子，将锤系上，用吊线坠的办法来保证第一张墙布与地面垂直。决不能以墙角为准，因为墙角不一定与地面垂直。

5）裁剪

裱糊前，根据墙面需要粘贴的长度，适当放长 10～15cm，再按花色图案，以整倍数进行裁剪，以便于花型拼接。裁剪的墙布要卷拢平放在盒内备用。切忌立放，以防碰毛墙布边。一般在桌子上裁布，也可以在墙上裁。

6）刷胶

粘贴墙布时，先用排笔将配好的胶粘剂刷在墙上，涂时必须涂刷均匀，稀稠适度，比墙布稍宽 2～3cm。粘贴时墙布背面不用涂刷胶粘剂，但要清扫干净，便于与基层粘结牢固。由于墙布较薄，若墙布背面涂刷胶粘剂，会使胶粘剂渗透墙布，以致表面出现痕迹，看起来不清爽。胶粘剂随用随配，当天用完。

7）上墙裱糊

将卷好的墙布自上而下粘贴，粘贴时，除上边应留出 50mm 左右的空隙外，布上花纹图案应严格对好，不得错位，并需用干净软布将墙布抹平贴实，用刀片裁去多余部分。阴阳角、线脚以及偏斜过多的部位，可以裁开拼接，也可叠接，对花要求可稍微放宽点，但切忌将墙布横拉斜扯，以致造成整块墙布歪斜变形甚至脱落，影响裱糊效果。

8）不需预先浸水

由于无纺墙布无吸水膨胀的特点，故不需要预先用水浸水或润湿，因墙布润水后会起皱，反而不易平伏。

9）其他工序

与壁纸基本相同。

2.3 施工操作要点

（1）裱糊壁纸时，室内相对湿度不能太高，一般低于 85%，同时，温度也不能有剧烈变化。

（2）在潮湿天气粘贴壁纸时，粘贴完后，白天应打开门窗，加强通风；夜间应关闭门窗，防止潮气侵袭。

（3）采用搭接法拼贴，用刀时应一次直落，力量均匀不能停顿，以免出现刀口搭口，同时也不能重复切割，避免搭口起丝影响美观。

（4）铺贴壁纸后，若发现有空鼓、气泡，可用斜刺放气，再用注射针挤进胶液，用刮板刮平压实。

（5）阳角处不允许留拼接缝，应包角压实；阴角拼缝宜在暗面处。

（6）基层应有一定吸水性。混合砂浆和纸筋灰罩面的基层，较为适宜壁纸裱糊，若用石膏罩面效果更好；水泥砂浆抹光面裱糊效果最差，因此壁纸裱糊前应将基层涂刷涂料，以提高裱糊效果。

2.4　成品保护

（1）运输和贮存时，所有壁纸、墙布均不得日晒雨淋；压延壁纸和墙布应平放；发泡壁纸和复合壁纸则应竖放。

（2）裱糊后的房间应及时清理干净，尽量封闭通行，避免污染或损坏，因此应将裱糊工序放在最后一道工序施工。

（3）完工后，白天应加强通风，但要防止穿堂风劲吹，夜间应关闭门窗，防止潮气侵袭。

（4）塑料壁纸施工过程中，严禁非操作人员随意触摸壁纸饰面。

（5）电气和其他设备在进行安装时，应注意保护已裱糊好的壁纸饰面，以防污染和损坏。

（6）严禁在已经裱糊好的壁纸饰面剔眼打洞。如因设计变更，应采取相应的措施，施工时要小心保护，施工完要及时认真修复，以保证壁纸饰面完整美观。

（7）在修补油漆、涂刷浆时，要注意做好壁纸保护，防止污染、碰撞与损坏。

2.5　安　全　技　术

（1）凳上操作时，单凳只准站一人，双凳搭跳板，两凳的距离不超过2m，准站二人。

（2）梯子不得缺档，不得垫高，横档间距以30cm为宜，梯子底部绑防滑垫；人字梯两梯夹角60°为宜，两梯间要拉牢。

2.6　质量验收标准和检验方法

见单元1中2.4质量验收标准和检验方法。

课题3　裱糊饰面课程技能训练

可根据本地区的实际情况和建筑工程施工的特点，在以下项目中选择3～5项进行技能实训考核。

3.1　在抹灰混凝土面上裱糊一般壁纸或墙布

考核其是否掌握对抹灰面干湿度的要求，以及裱糊普通壁纸的操作工艺顺序、各顺序的要点、质量标准和注意事项。

3.2　在石膏板面上裱糊一般壁纸或墙布

考核其裱糊普通壁纸或墙布的操作工艺顺序、各顺序的要点、质量标准和注意事项。

3.3 在顶棚抹灰面上裱糊一般壁纸

考核其是否掌握对顶棚抹灰面干湿度的要求和裱糊操作工艺顺序、各顺序的要点、质量标准、操作注意事项和安全要求。

3.4 提供一张呈"S"形顶棚的图纸，要求裱糊壁纸

考核其所提出的裁划和裱糊方法是否是最合理的方案。

思考题与习题

1. 什么是裱糊工程？它有何特点？
2. 试述对裱糊基层的处理要点。
3. 简述壁纸、墙布裁剪操作要点。
4. 针对不同类型的壁纸、墙布怎么涂刷胶粘剂？
5. 裱糊壁纸、墙布有几种施工方法？施工后如何进行余纸修剪？
6. 为什么湿度较大的墙面不可做裱糊？
7. 裱糊施工前为什么要润纸？针对不同类型的壁纸该怎么润纸？
8. 如何弥补有些墙布（如无纺墙布）的遮盖力差的弱点？
9. 壁纸、墙布裱糊应如何保证表面平整、图案端正和接缝严密？
10. 如何来预防壁纸裱糊时气泡的出现？
11. 简述塑料壁纸的施工工艺。
12. 简述金属壁纸的施工工艺。
13. 简述锦缎壁纸的施工工艺。

单元6 门窗玻璃裁装施工

知 识 点：施工准备；专用施工工具；施工工艺与方法；操作要点；成品保护；安全技术；施工质量验收标准与检验方法。

教学目标：通过课程教学和技能实训，选择较典型门窗玻璃饰面的实例，在实训老师与技工师傅的指导下，进行实际操作。结合装饰工程施工的相关岗位要求，强化学生认知门窗玻璃饰面的常用材料。通过组织门窗玻璃饰面的施工作业，使学生熟悉并掌握施工工艺与方法和操作要点，正确使用施工工具和机具及维修保养，能用质量验收标准与检验方法组织检验批的质量验收，能组织实施成品与半成品保护和安全技术措施。

课题1 玻璃的施工准备与裁划

1.1 施工主要工具、机具

见单元2中2.3玻璃裁装工具、机具。

1.2 玻璃的裁划

1.2.1 准备工作

（1）为减少玻璃的损耗率，应根据施工图纸，计算好所需要各种玻璃的规格、尺寸和数量，集中裁配，分类放置，"对号入座"。

（2）裁划前，将室内和工作台打扫干净，要检查工作台是否平整、牢固；玻璃刀的刀口是否锋利无损；木折尺和方尺是否平直规方。

（3）运进的原箱玻璃要靠墙紧挨立放，暂不开箱的要用板条互相搭好钉牢，以免动摇倾倒。每开一箱玻璃最好全部放在工作台上。空木箱要搬到适当地方存放或交库。箱内填垫用的稻草不要抛掉，留作以后运玻璃时使用。

（4）玻璃上有霉点时，可用棉花蘸煤油、汽油或丙酮擦净。玻璃间有水分被粘住时，可用铲刀将其一角撬开，然后将一块玻璃平向推动使其分开。如玻璃上有水渍、灰尘，用干布擦净后再裁划。

（5）门窗玻璃裁划前要挑选同样规格，并有代表性的门窗三樘以上计量尺寸，必要时可先划一块试装。

（6）玻璃安装应在门窗五金安装完毕、外墙勾缝与粉刷做完、脚手架拆除后，刷最后一遍油漆之前进行。

1.2.2 操作方法

（1）裁划2~3mm厚的平板玻璃时，可用12mm×12mm细木条直尺。先用折尺量出玻璃框尺寸，再在直尺上定出裁划尺寸，要留3mm空当和2mm刀口。对于北方寒冷地区的钢门窗，考虑到门窗收缩的特性，不要忽略留出适当空隙。例如，玻璃框宽500mm，在直尺上量出的495mm处钉一小钉，495mm加上刀口2mm，这样划出的玻璃是497mm，安装在500mm宽的玻璃框上正好符合要求。裁划时可把直尺上的小钉紧靠玻璃的一边，玻璃刀紧靠直尺的另一端。一手掌握小钉挨住的玻璃边口，不使松动；另一手掌握刀刃，端直而均匀有力地向后退划，不能有轻重不均或弯曲。

（2）4～6mm厚玻璃的裁划方法大致与上述相同。但因玻璃较厚，裁划时刀要握准、拿稳，力求轻重均匀。另外，还有一种划法是采用4mm×50mm直尺，玻璃刀紧靠直尺裁划。这种裁划方法比较容易划好，但工作效率不高，只限于数量较少时使用。裁划时，要在划口上预先刷上些煤油。划口渗油后容易扳脱。

（3）5～6mm厚大块玻璃的裁划方法，与用4mm×50mm直尺裁划相同。但大块玻璃面积大，人站地上无法裁划，因而有时需脱鞋站在玻璃上裁划。裁划前必须在工作台上垫绒布，以使玻璃受压均匀。裁划后，双手握紧玻璃同时向下扳，不能粗心大意而造成整块玻璃破裂。另一种方法是一人趴在玻璃上，身体下面垫上麻袋布，一手掌握玻璃刀，一手扶好直尺，另一人在后面拉前人的腿，刀子顺尺拉下。中途不宜停顿，停了，锋口不容易找到。

（4）裁划玻璃条（宽度8～12mm，水磨石地面嵌线用），可用5mm×30mm直尺，先把直尺的上端，用钉子固定在台面上（不能钉死、钉实，要能转动和上下升降）。再在距直尺右边相当于玻璃条宽度加上2～3mm的间距处的台面上，钉上两只小钉作为挡住玻璃用，另在贴近直尺下端的左边台面上钉上一只小钉，作为靠直尺用，见图6-1所示。用玻璃刀紧靠直尺右边，裁划出所要求

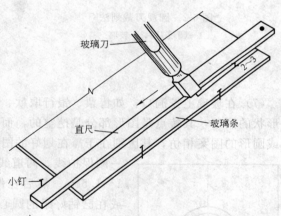

图6-1 裁划玻璃条

的玻璃条。取出玻璃条后，再把大块玻璃向前推到碰住钉子为止，靠好直尺又可连续进行裁划。裁划各种矩形玻璃时，要注意对角线长短一致，划口齐直不能弯曲。

（5）裁划异形玻璃：可根据设计要求将需要的异形图案先画在白纸上，然后把图案夹进玻璃之中，用钢笔在玻璃上描画出异形图案。在玻璃图案的裁口线上，用毛笔均匀涂上煤油，手工裁划时要根据图形的弯曲度，徒手将玻璃刀随裁口线移动，全身也要随之平稳移动，遇到阴角处，应裁划成小圆弧，不可呈僵硬的直线条，导致应力集中致使玻璃破碎。这种方法要求技术水平较高，否则不易裁好。最好是事先用硬纸或薄胶合板制成样板或套板，然后用玻璃刀靠在样板或套板的边缘进行裁割。在遇有阴角的异形图案时，可用手电钻配合裁划。方法是将3mm直径的超硬合金钻头，装入手电钻中，在图形的阴角处，用低速钻一个洞。钻时应用水或酒精冷却钻头。钻眼后，再用玻璃刀沿线裁割。

（6）裁划圆形玻璃：

1）圆规刀裁划法：根据设计圆形的大小，在玻璃上画好垂直线定出圆心，把圆规刀（见图2-28所示）底座的小吸盘放在圆心中间，然后随圆弧裁划到终点，裁通后，从玻璃

背面敲裂，把圆外部分先取下 1/4，再逐块取下，见图 6-2 所示。

2) 玻璃刀裁划法：在玻璃圆心上粘贴胶布 5～6 层，用 10mm 厚、600mm 长、25mm 宽的杉木棒，将一枚大头针穿过杉木条的一端钉进胶布层内固定（玻璃刀与大头针的距离等于所裁圆的半径）。玻璃刀紧靠着杉木棒尽头，以大头针为固定圆心，握稳玻璃刀随圆弧划到终点。然后敲裂取下碎块玻璃，见图 6-3 所示。

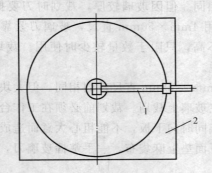

图 6-2 圆规刀裁划法
1—圆规刀；2—玻璃

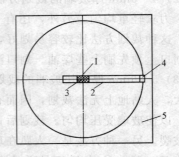

图 6-3 玻璃刀裁划法
1—玻璃圆心粘贴 5～6 层胶布；2—杉木棒；
3—大头针穿过木条并钉进胶布层内固定；
4—玻璃刀；5—玻璃

(7) 在玻璃上挖洞口：如售票、银行取款、医院给药等窗口，都需在整块玻璃上挖各种形状的洞口，其特点是图形部分是挖空的，而保留图形之外的部分。裁割方法与裁割异形或圆形的图案相仿，其区别在于需在划好的图案轮廓线的内侧，即要挖空的区域，再划一圈保护线。两道线的距离可根据洞口的大小确定，一般为 1～1.5cm。然后在保护线的区域内徒手划数个"人"字形，或在已钻好眼的圆心处（适合于挖圆洞时）划向外的放射线。然后用玻璃刀铁头沿裁线由下向上敲，玻璃上就出现两裂纹及一些碎裂纹。可先扳掉保护圈内的玻璃碎块，再在保护线与轮廓线之间放射性剪割，扳掉碎块，再用砂轮带水磨光洞口，如图 6-4 所示。

对于压花玻璃，裁划时应将光面朝上，其他彩色玻璃、磨砂玻璃则与平板玻璃同样处理，但应注意其花纹、图案的对称性。

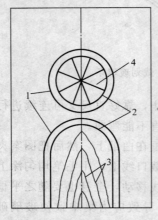

图 6-4 挖洞口示意图
1—实际裁划尺寸；2—保护线；
3—"人"字形分块裁取线；
4—放射形分块裁割线

1.2.3 操作要点

(1) 异形玻璃裁划前应仔细核对其尺寸，应根据各种异形玻璃的形状，适当缩小裁划尺寸，以便于安装。

(2) 因异形玻璃规格多数量少，不宜集中裁划，最好现场裁划；减少搬运次数，避免损坏。

(3) 为了减少异形玻璃裁划时的损耗，一般都在实际裁划线周围 10～15mm 处划一条保护线。

(4) 为了减少集中应力，裁划异形玻璃前在阴角处先钻洞，用低转速电钻，在起钻和快穿透分块裁割线时，更应细心，钻进速度应缓慢而均匀。

（5）玻璃的规格较多，需用尺寸也各不相同，裁划前应仔细计算，尽量利用，避免浪费。

（6）裁口边条太窄时，可在一头先敲出裂痕，再用钢丝钳垫软布扳脱。不能硬扳，否则会使整块玻璃开裂。

（7）裁划好的玻璃，应按规格靠墙立放，下面要垫两根木条。残条碎玻璃要集中放置并及时处理，以免伤人。

（8）玻璃的裁划尺寸必须准确，为保证大小合适，一般应按设计尺寸或实量尺寸。上下两边不得小于槽口4mm，左右两边不得小于槽口6mm，玻璃每边至少应镶入槽口3/4。要求玻璃边缘方正，不得有歪斜或缺凹现象，以便于安装，并能适应门窗的温度变化。决不允许用窄小玻璃拼凑安装。

1.3 玻璃打眼

1.3.1 准备工作

玻璃打眼时，先用玻璃刀划出圆圈并敲出裂痕，再在圆圈内划上几条直线或横线，同样敲出裂痕。再将一块尖头铁器放在玻璃圈下面，尖头顶住圆圈中心处，用小锤轻敲圆圈内玻璃，使玻璃破裂后取出，即成一个毛边洞眼。最后用金刚石或油石磨光圈边，即成一个光边洞眼。

也可用特殊钻头装在台钻等工具上对玻璃进行钻眼加工。常用的钻头一般有金刚石空心钻、超硬合金玻璃钻、自制钨钢钻三类。

1.3.2 操作方法

（1）钻眼前先在玻璃上按设计要求定出圆心，并用钢笔点上墨水，将钻头固定在钻头套中。

（2）手摇玻璃钻孔器见图2-29所示，用图6-5所示的金刚石钻头钻眼时，将玻璃放在垫板上。如钻较小的洞眼时，可将长臂圆划刀取下，套上空心钻头固定，然后旋转摇柄，使钻头旋转摩擦，随时加水或煤油冷却。起钻或出钻时，用力应缓慢均匀。金刚石空心钻一般可用于5～20mm直径洞眼的加工。

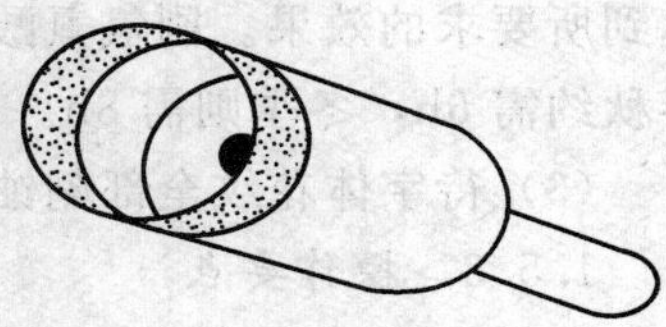

（3）如用超硬合金玻璃钻钻眼，则可将钻头装在手工弓摇钻上或低速手电钻上，钻头对准圆心，用一只手拿住弓摇钻的圆柄，轻压旋转即可，用于加工直径3～100mm洞眼。

图6-5 金刚石空心钻头

（4）使用自制钨钢钻钻眼，操作方法同前。但钻头需预先制作，取长60mm、直径4mm一段硬钢筋及20mm左右的钨钢，用铜焊条焊接，然后将钨钢磨成尖角三角形即可使用。

1.4 玻璃开槽

玻璃开槽主要用于食品柜、玻璃柜等有移动门的部位。开槽方法主要有电动玻璃开槽机开槽和砂轮手磨开槽两种。

操作方法是：

（1）钢笔在玻璃上划出槽的长度和宽度。

（2）电动开槽机开槽，自制电动玻璃开槽机，用电动机带动一根转轴，轴上装有一个直径为120mm、宽10mm的生铁轮子，生铁轮子上部分露在外面开槽用，下半部分浸没在金刚砂浆中，铁轮子设调节装置，木挡板可前后移动，挡板低于铁轮子3～4mm。开槽时，将玻璃搁在电动开槽机工作台的固定木架上，调节好位置，对准开槽处，开动电机即可。一般移动门的玻璃开槽2min加工一个。由于金刚砂和玻璃屑可能飞溅出来，操作时要戴防护眼睛。

（3）如用手工开槽，则在划好槽的尺寸后，用一具手摇金刚石砂轮（砂轮边缘的厚度根据槽的宽度而定）在线样上磨槽。磨槽时要倒、顺摇动金刚砂轮，使它来回转动，同时还应控制好槽的深度并使槽边光滑。

1.5　玻璃刻蚀

用氢氟酸溶解需刻蚀的玻璃表面，而得到与光面不同的毛面花纹图案或字体。

1.5.1　准备工作

（1）将玻璃表面清理干净，将石蜡加热熬至棕红色，用排笔蘸取热蜡液，在玻璃表面涂刷3～4遍，备用。

（2）配刻蚀液：用浓度为99％的氢氟酸：蒸馏水＝3∶1的配比配好溶液，贴上标签，备用。

（3）做好所需的花纹、图案或字体的纸样。

1.5.2　操作方法

（1）玻璃表面的石蜡晾干后，贴上纸样，用雕刻刀在其上刻出所需的图案，刻完毕后，将蜡粉刷掉，并用洗洁精将暴露的玻璃表面清洗干净。

（2）用干净毛笔蘸取配制好的氢氟酸溶液，均匀地刷在图案上面，约15～20min后，可见图案表面有一层白色粉状物，把白粉掸掉，再刷一遍，再掸掉白粉，如此反复，直至达到所要求的效果。刷氢氟酸的遍数越多，图案的花纹就越深。根据经验，夏季约需4h，春秋约需6h，冬季则需8h。

（3）待字体花纹全部刻蚀完成后，把石蜡全部刮除干净，并用洗洁精洗净玻璃表面。

1.5.3　操作要点

（1）氢氟酸有强的腐蚀性，操作过程中要戴上胶皮手套，并勿使其溅入眼睛或溅在皮肤上。

（2）稀释的溶液和原溶液要各自贴好标签，以防错用、误用。

1.6　玻璃磨砂

用金刚砂对平板玻璃进行加工，使其表面呈乳白色透光而不能透视物体的方法。主要用于门、窗、隔断、灯具、玻璃黑板等处，其工艺有手工磨砂、机械磨砂和化学磨砂。化学磨砂已在前面作了介绍，下面主要叙述手工磨砂和机械磨砂两种方法。

1.6.1　手工磨砂

当加工数量不多时，可用此法。加工时根据被加工玻璃的面积大小及厚度采取以下两种操作方法。

(1) 5mm 以上的厚玻璃

将平板玻璃平放在垫有绒毯等柔软织物的平整台面上，将生铁皮带盘轻放在玻璃上面，皮带盘中部的孔洞内装满 280～300 目的金刚砂或其他研磨材料，然后用双手握住生铁皮带盘的两边，进行推拉式旋磨。也可用粗瓷碗反扣在玻璃上，碗内扣入适量的金刚砂，用双手推压反扣的碗进行来回往复的旋磨。

(2) 3mm 厚的小尺寸玻璃

将金刚砂均匀地铺在玻璃上，其上覆盖一块玻璃，金刚砂夹在两层玻璃之间，双手平稳地压住金刚砂上面的玻璃，作弧形旋转研磨。操作时，用力要适当，速度不要太快，以免将玻璃压裂。磨砂时应从四周边角向中间进行。通磨一遍后，应竖起来朝向阳光检查是否有透亮点或面，若有，应用粉笔做上记号，再行补磨。加工后的磨砂玻璃堆放时应将两块玻璃的磨砂面相叠，按尺寸分别堆放，应竖放，不得平放。

1.6.2 机械磨砂

在成批量加工磨砂玻璃时，可用特制的机具进行磨砂。

(1) 喷砂

利用高压空气通过喷嘴所形成的高速气流，挟带着石英砂或金刚砂喷至平板玻璃表面，形成毛面。

(2) 自动漏砂打磨

利用旋转的轮将自动从漏斗中落下的金刚砂与平板玻璃表面摩擦而形成毛面。

课题 2　门窗玻璃饰面安装

玻璃安装应在门窗框、扇五金安装完毕，室内外抹灰作业完成，内墙施涂最后一遍涂料前进行。根据边框材质的种类及安装部位的不同，有各自的操作要点，以下分别说明。

2.1　木门窗玻璃安装

木门窗玻璃安装工艺，一般分为分放玻璃、清理裁口、准备油灰、涂抹底油灰、装玻璃、嵌钉固定、涂抹表面油灰、钉木压条固定玻璃。

2.1.1 分放玻璃

按照当天需安装的数量、大小，将已裁好的玻璃分放于安装地点，注意切勿放在门窗开关范围内，以防不慎碰撞碎裂。

2.1.2 清理裁口

玻璃安装前应检查框内尺寸，将裁口（玻璃槽）内的污垢和边框内杂质清除干净，以保证油灰与槽口的有效粘结。

2.1.3 准备油灰

如购用商品油灰，只需将其糅合即可使用。如自配油灰，其配合比（重量比）是碳酸钙∶混合油＝100∶13～14。其中混合油配合比（重量比）是三线脱蜡油∶熟桐油∶硬脂酸∶松香＝63∶30∶2.1∶4.9 糅拌而成。配成的油灰应具有良好的可塑性，不沾刀，抹时不断裂，不出麻面。

2.1.4 涂抹底油灰

沿槽口长度涂抹厚度为1~2mm底油灰，要求均匀连续、饱满。底油灰的作用是使玻璃和玻璃框紧密吻合，以避免玻璃在框内振动发声，也可减少因玻璃振动而造成的碎裂，因而涂抹应挤实严密。

2.1.5 装玻璃

双手把玻璃放入槽内，稍使劲使多余底油灰挤出，待底油灰初结硬时，顺槽口方向将多余底油灰刮平，遗留的底油灰也清除干净。

2.1.6 嵌钉固定

在玻璃四边钉上钉子，钉长一般为15~20mm，间距为300mm，且每边不少于2个。钉完后，用手轻敲玻璃，听声音鉴别是否平实，如不平实应立即重装。

2.1.7 涂抹表面油灰

表面油灰应选无杂质、软硬适中的油灰。油灰不能抹得太多或太少，太多浪费油灰，太少则油灰不均匀。涂抹后，用铲刀从任意一角开始，紧靠槽口边，均匀地用力向一个方向刮成斜坡形，再向反方向理顺光滑，如此反复修整，要使四角成"八"字形，表面光滑，无流淌、裂缝、麻面和皱皮现象，粘结牢固，以使打在玻璃上的雨水易于淌走而不会腐蚀门窗框。油灰与玻璃裁口边缘齐平。

涂抹表面油灰后用刨刀收刮油灰时，如发现钉外露，应敲进油灰面层。

2.1.8 木压条固定玻璃

选用大小宽窄一致的优质木压条，用小钉钉牢。钉帽应进入木压条表面1~3mm，不得外露。木压条要贴紧玻璃，无缝隙，注意也不得将玻璃压得过紧，以免挤裂玻璃，要求木压条光滑平直。

2.2 钢门窗玻璃安装

钢框、扇安装玻璃与木框、扇安装玻璃基本相同，但也有不同之处，要特别注意。

(1) 检查安装的门框、扇是否平整，钢丝卡孔眼是否齐全准确，不符合要求的应及时修正。

(2) 清理槽口：同木框、扇安装。

(3) 涂底油灰：安装钢框、扇使用的油灰要加适量的红丹，起防锈作用，并加适量的铅油，增加油灰的黏性和硬度，涂抹厚度2~3mm。

(4) 装玻璃：双手将玻璃放入槽口内按平，使多余油灰挤出，在压挤油灰时，特别要注意防止异形玻璃的阴角碎裂，玻璃的阴角不能碰到钢窗的阳角，应离开2~3mm。

(5) 安钢丝卡子：安装间距不得大于300mm，且每边不少于两个。

(6) 涂抹表面油灰：用较硬的油灰作面灰填实，并压实刮平，其余同木框、扇安装。

2.3 铝合金门窗玻璃安装

2.3.1 工具材料准备

工具有手提式玻璃吸盘、密封枪、嵌条器、刨刀、裁刀等。材料有中性密封胶和配套使用的橡皮条、塑料管等。

2.3.2 清理槽口

同钢、木门窗。

2.3.3 安装玻璃的三种方法

(1) 内用橡皮条，外用密封胶

把橡皮条或塑料管切成25～30mm作隔离片，蘸少量的密封胶粘到槽口四周内边固定，在玻璃安装的下方放上两块垫片，然后用手提式吸盘把玻璃提起，稳妥地置于垫块上，随即将内压条装上，并旋紧螺钉固定，四角涂少量密封胶，使玻璃平整不翘曲。里面用配套使用的橡皮条嵌塞牢固，外面用密封胶封缝并填充密实。

(2) 两面都用密封胶

用吸盘将玻璃放入框内的定位垫块上，旋紧内压条，内外两人同时用塑料管隔离片将玻璃塞紧，最后用密封胶两面封缝。

(3) 两面都用橡皮条

用吸盘将玻璃放入框内定位垫块的中间，旋紧内压条，内外两人同时朝一个方向嵌塞配套橡皮条（不用塑料隔片），将周边塞嵌密实。

2.3.4 安装要点

(1) 应由两人配合操作。

(2) 型号橡皮条的长度应比玻璃周长多20mm左右。

(3) 框、扇阴角处的橡皮条要做到内断外不断。

(4) 定位垫块设在玻璃宽度的1/4处，并使其宽度大于玻璃厚度，长度不宜大于35mm，可采用硬塑料制作，不得采用木质垫块。

(5) 玻璃不得与玻璃槽直接接触，并应在玻璃四边垫上不同厚度的垫块，边框上的垫块应用胶粘剂固定。

(6) 塑料管隔离片的间距为300mm，一边不得少于2片。

(7) 使用密封膏前，接缝处的表面应清洁、干燥，密封胶封缝必须内部密实，表面光滑，不得有间断或凸凹等缺陷。

(8) 密封胶不得污染铝合金框、扇。

(9) 镀膜玻璃应安装在玻璃的最外层，单面镀膜玻璃应朝向室内。

2.4 塑料门窗玻璃安装

(1) 安装玻璃前，将裁口内的污垢清干净，并沿裁口的全长均匀抹1～3mm厚的底油灰。

(2) 安装长边大于1.5m或短边大于1m的玻璃，用橡胶垫并用压条和螺钉镶嵌固定。

(3) 安装于竖框中的玻璃，应搁置在两块相同的定位垫块上，搁置点离玻璃垂直边缘的距离宜为玻璃宽度的1/4，且不宜小于150mm。

(4) 安装于扇中的玻璃，应按开启方向确定其定位垫块的位置。定位垫块的宽度应大于所支撑的玻璃件的厚度，长度不宜小于25mm，并应符合设计要求。

(5) 玻璃安装就位后，其边缘不得和框、扇及其连接件相接触，所留间隙应为2～3mm。

(6) 玻璃安装时所使用的各种材料均不得影响泄水系统的通畅。

(7) 玻璃镶入框、扇内，填塞填充材料、镶嵌条时，应使玻璃周边受力均匀。

2.5 斜天窗框、扇玻璃安装

(1) 其方法同钢门窗玻璃安装。但天窗玻璃是用铁卡子卡住的，在两块玻璃的搭接处要注意顺水搭接，并用卡子扣牢。

(2) 通常工业厂房斜天窗框、扇采用夹丝玻璃。

(3) 斜天窗玻璃应顺流水方向盖叠安装，其盖叠长度为斜天窗坡度大于25%，不小于30mm；坡度小于25%，不小于50mm。

(4) 盖叠处应用钢丝卡固定，并在盖叠缝隙中垫油绳，用防锈油灰嵌塞密实。

(5) 当焊接、切割、喷砂等作业可能损伤玻璃时，要注意防护，严禁火花、砂子等溅到玻璃上。

2.6 围护墙、隔断、顶棚玻璃砖安装

(1) 安装前先检查围护墙、隔断、顶棚镶嵌玻璃砖的骨架与结构的连接是否牢固，隔断的上框的顶面与结构（楼盖）间是否留有适量缝隙，以免结构稍有沉降或变形而压碎玻璃砖。

(2) 玻璃安装时应排列均匀整齐，表面平整；嵌缝的油灰或胶泥应饱满密实。

(3) 安装磨砂玻璃和压花玻璃时，磨砂玻璃的磨破面应向室内，压花玻璃的花纹宜向室外。彩色玻璃安装要注意图案、花纹的正确。

(4) 楼梯间和阳台等的围护结构安装钢化玻璃时，应用卡紧螺丝或嵌条镶嵌固定，玻璃与围护结构的金属框格相接处，应衬橡胶垫或塑料垫。

2.7 玻璃压条安装

一般室内的木门、木隔断不抹油灰而用木压条，要在刷好底漆、未刷面漆之前进行安装。安装时先用铲刀或刨刃将木压条撬开，并退出钉子，先抹上底灰（也就是比油灰略为稀些），再装上玻璃，最后把四边压条嵌好钉牢，并把底灰修补平整。

2.8 镜子、镜面玻璃安装

2.8.1 安装顶棚的镜面玻璃

木工做好顶棚后，将中性密封胶挤到打好安装洞眼的镜面玻璃背后，要成螺旋状，分布均匀，一人托起镜面玻璃与顶板的衬板粘贴，要压平贴实，另一人用手电钻穿过镜面玻璃上的孔洞在木筋上钻眼，钻眼处用带橡皮垫的不锈钢螺钉固定，但不应旋得太紧，以防镜面碎裂。螺钉固定后用密封胶封缝。

2.8.2 室内柱面或墙面镜面玻璃安装

(1) 绘制大样图，并根据设计的玻璃面积布置木筋和木砖，一般木筋截面为40mm×40mm，间距为400mm，木砖与木筋位置相对应。

(2) 按大样图尺寸在墙上预埋木砖。

(3) 在墙面镶嵌玻璃的范围内抹防水砂浆，刷冷底子油，铺一层油毡作防潮层。

(4) 在墙面上弹线标出木筋位置，将木筋钉在木砖上，形成纵横框格，并保证木筋的平整度。

(5) 将 5~7 层胶合板钉在木筋上，作为衬板。

(6) 用胶粘剂将镜面玻璃粘贴在衬板上，四周用边框卡住，边框最好采用金属构件，也可用硬木制作，但均须线条平直，线型清秀，割角连接，紧密吻合。

镜面玻璃在安装和使用时要注意保护玻璃和涂层，以免损坏。涂层碰坏后的镜面玻璃，不仅玻璃变色，而且还会使镜中的物像残缺不全，影响美观。

2.9 大块玻璃安装

如不允许用钉子或螺钉加固时，可用橡皮垫圈固定。但使用的油灰中要加 1/3 的铅油，增加黏固性能。

2.10 安装应特别加以注意的几种特种玻璃

2.10.1 压花玻璃安装

(1) 压花面有水变透亮，看得见东西，所以压花面应装在室内侧，且要根据使用场所的条件酌情选用。

(2) 菱形、方形压花的玻璃，相当于块状透镜，人靠近玻璃时，完全可以看到里面，所以应根据使用场所选用。

2.10.2 夹丝玻璃安装

(1) 夹丝玻璃在剪断时，切口部分易坏。切口部分的强度比普通玻璃的强度低得多，因此比普通玻璃更易产生热断裂现象。

(2) 夹丝玻璃的线网表面是经过特殊处理的，一般不易生锈。可切口部分未经处理，所以遇水易生锈。严重时，由于体积膨胀，切口部分可能产生裂化，降低边缘的强度，这是热断裂的原因。

2.10.3 中空玻璃安装

(1) 中空玻璃朝室外一面（一般用钢化玻璃）采用硅橡胶树脂加有机物配成的有机硅胶粘剂与窗框、扇粘结；朝室内一面衬垫橡胶皮压条，用螺钉固定。这样，既可防玻璃松动，又可防窗框与玻璃的缝隙漏水。

(2) 中空玻璃的中间是干燥的空气或真空，作窗用时，中间不会产生水汽或结露，噪声可减弱 1/2，具有良好的保温、隔热和隔声作用。因此，安装过程中特别应注意不得碰伤，以防影响功能效果。

(3) 选用玻璃原片厚度和最大使用规格，主要决定于使用状态的风压荷载。对于四周固定垂直安装的中空玻璃，其厚度及最大尺寸的选择条件是：

1) 玻璃最小厚度所能承受的平均风压（双层中空玻璃所能承受的风压为单层玻璃的 1.5 倍）。

2) 最大平均风压不超过玻璃的使用强度。

3) 玻璃最大尺寸所能承受的平均风压。

2.11 玻璃的运输和保管

2.11.1 玻璃的运输

(1) 运输时

不论使用何种车辆（汽车、小平车），在装载时要把箱盖向上，直立紧靠放置，不允许动摇碰撞。如堆放有空隙时要用柔软物填实或用木条钉牢。

（2）运输时要做好防雨措施

以防雨水淋到玻璃上。因为成箱玻璃淋雨后，玻璃之间互相粘住，不宜分开，撬开时容易造成玻璃破裂。冬天水结冰后，玻璃更容易破碎。

（3）装卸和堆放时

要轻抬轻放，要防止震动和倒塌。短距离运输，应把木箱立放，用抬杠抬运，不能几个人抬角搬运。对专用周转架运输玻璃时，一定用起重设备进行搬运。

2.11.2 玻璃的保管

（1）玻璃运至施工现场，应选择无人施工的区域靠墙边进行堆放，以避免玻璃受冲击遭损坏或伤人。

（2）玻璃应按规格、等级分别堆放，以免混淆。需要时可随时取出，不需搬动其他规格的玻璃。

（3）玻璃堆放时应使箱盖向上，立放紧靠，不得歪斜或平放，不得受重压或碰撞。小号规格的可堆放2~3层，大号规格的尽量单层立放，不得堆垛。各堆之间必须留通道以便搬动。堆垛的木箱四角必须互相用木条钉牢。

（4）玻璃木箱底下必须高于地面100mm，防止受潮。

（5）玻璃一般不能在露天堆放，如必须在露天堆放时，要在下面垫高，离地20~30cm，用帆布盖好，时间不宜过长。

（6）保管不慎，玻璃受潮后会发霉。这是由于空气中的水分和二氧化碳与玻璃中的硅酸钠相互起化学变化，产生氧化钠、二氧化硅和碳酸钠，结果在玻璃表面出现一层白斑点，这些白斑点通常称为发霉。对于发霉的玻璃，可用棉花蘸些煤油或酒精揩擦，如用丙酮揩擦效果更好。

（7）玻璃安装后，应采取必要的保护措施。保护措施应视易发生碰撞的建筑玻璃所处的具体部位不同，分别采取警示（在视线高度设醒目标志）或防碰撞设施（设置护栏）等。

（8）在脚手架拆除前安装完成的玻璃，当脚手架拆除时，应采取相应的门窗玻璃保护措施。

（9）安装在易于受到人体或物体碰撞部位的建筑玻璃，如落地窗、玻璃门、玻璃隔断等，应采取保护措施。

2.12 安全技术

（1）非安全玻璃不得代替安全玻璃使用。

（2）裁割玻璃应在房间内进行，边角余料要集中堆放，并及时处理。

（3）搬运玻璃时应戴手套或用布、纸垫着玻璃，将手及身体裸露部分隔开。散装玻璃运输必须采用专门夹具（架）。玻璃应直立堆放，不得水平堆放。

（4）加工油灰时应保持加工现场环境的清洁，以防杂物或碎玻璃混入油灰内，在油灰操作时伤及手指。

（5）玻璃未固定牢固前不得中途停工或休息。安装玻璃时所使用的工具应放入袋内，随用随取，不得将铁钉含在口中。

(6) 凡操作基准面在 2m 以上（含 2m）均属高空作业。操作人员必须穿戴紧口工作服、防滑鞋、头戴安全帽和腰系安全带，以防坠落。

(7) 高空作业时人员不得一手腋下挟玻璃，一手攀扶梯上下。

(8) 门窗安装玻璃完毕后，随即将风钩挂好，或插上插销，以防风吹碰坏玻璃。

(9) 安装门窗或隔断玻璃时，不准将梯子靠在门窗或玻璃框上操作。

(10) 安装窗扇玻璃时，严禁上下两层垂直交叉同时作业；安装天窗及高层房屋玻璃时，作业下方严禁走人或停留。碎玻璃不得向下抛掷。

(11) 大屏幕玻璃安装应搭设吊架或挑架，从上至下逐层安装，拿玻璃时应利用橡皮吸盘。

(12) 安装屋顶采光玻璃，应铺设脚手架或采取其他安全措施。

(13) 在建筑物外立面安装玻璃或清洗玻璃时，应搭设外脚手架或安装可靠的吊篮方可进行施工。

(14) 安装完毕，所剩残余玻璃，必须及时清扫集中堆放到指定地点。

(15) 冬期施工，从寒冷处运到暖和处的玻璃应在其变暖后方可安装。

2.13　质量验收标准和检验方法

门窗玻璃裁装施工质量验收和检验方法见表 6-1 所示。

门窗玻璃裁装施工质量验收和检验方法　　　　表 6-1

平板、吸热、反射、中空、夹层、夹丝、磨砂、钢化、压花玻璃等玻璃安装工程的质量验收规定			检验方法
主控项目	1	玻璃的品种、规格、尺寸、色彩、图案和涂膜朝向应符合设计要求。单块玻璃大于 1.5m² 时应使用安全玻璃	观察；检查产品合格证书、性能检测报告和进场验收记录
	2	门窗玻璃裁割尺寸应正确。安装后的玻璃应牢固，不得有裂纹、损伤和松动	观察；轻敲检查
	3	玻璃的安装方法应符合设计要求。固定玻璃的钉子或钢丝卡的数量、规格应保证玻璃安装牢固	观察；检查施工记录
	4	镶钉木压条接触玻璃处，应与裁口边缘平齐。木压条应互相紧密连接，并与裁口边缘紧贴，割角应整齐	观察
	5	密封条与玻璃、玻璃槽口的接触应紧密、平整。密封胶与玻璃、玻璃槽口的边缘应粘结牢固、接缝平齐	观察
	6	带密封条的玻璃压条，其密封条必须与玻璃全部紧贴，压条与型材之间应无明显缝隙，压条接缝应不大于 0.5mm	观察；尺量检查
一般项目	1	玻璃表面应洁净，不得有腻子、密封胶、涂料等污渍。中空玻璃内外表面均应洁净，玻璃中空层内不得有灰尘和水蒸气	观察
	2	门窗玻璃不应直接接触型材。单面镀膜玻璃的镀膜层及磨砂玻璃的磨砂面应朝向室内。中空玻璃的单面镀膜玻璃应在最外层，镀膜层应朝向室内	观察
	3	腻子应填抹饱满、粘结牢固；腻子边缘与裁口应平齐。固定玻璃的卡子不应在腻子表面显露	观察

课题 3　门窗玻璃裁装施工课程技能训练

可根据本地区的实际情况和建筑工程施工的特点，在以下项目中选择进行技能实训考核。

(1) 调配木门窗玻璃腻子

考核其选料和计量、比例是否准确,识别玻璃腻子的可操作度。

(2) 在钢门、窗上安装普通玻璃

考核其掌握安装操作工艺顺序、操作要点、注意事项和质量验收标准以及玻璃的堆放方法。

(3) 在木门、窗上安装普通玻璃

考核其掌握安装操作工艺顺序、操作要点、注意事项和质量验收标准以及玻璃的堆放方法。

(4) 在木门、窗上安装压花玻璃和磨砂玻璃

考核其掌握安装操作工艺顺序、操作要点、注意事项和质量验收标准以及玻璃的堆放方法。

(5) 在铝合金门、窗上安装普通玻璃

考核其掌握安装操作工艺顺序、操作要点、注意事项和质量验收标准以及玻璃的堆放方法。

(6) 在塑钢门、窗上安装普通玻璃

考核其掌握安装操作工艺顺序、操作要点、注意事项和质量验收标准以及玻璃的堆放方法。

(7) 裁划玻璃

将一块 1500mm×2000mm 的大块玻璃裁成为 500mm×350mm 规格的玻璃。要求学生按最合理的方案裁划,并掌握裁玻璃的操作要点和注意事项。

思考题与习题

1. 为什么堆放玻璃要立放而不能堆垛?
2. 为什么门窗上配玻璃后要抹油灰?油灰应怎么配制?对其使用有何要求?
3. 为什么裁划厚玻璃和压花玻璃时,在划口上要先刷煤油?
4. 简述木门窗玻璃安装过程。
5. 钢门窗玻璃安装与木门窗玻璃安装相比,应控制哪些要点?
6. 彩色、压花、磨砂玻璃安装为什么要注意不同面的朝向问题?
7. 钢化玻璃为什么有时会自行碎裂?
8. 裁划圆形玻璃有哪两种方法?
9. 铝合金门窗玻璃安装有哪三种方法?
10. 简述塑钢门窗玻璃安装过程。
11. 镜面玻璃作装饰其镶贴工艺怎样?

单元7 涂裱饰面实训方案（实训操作4周）

知 识 点：饰面涂裱施工操作综合技能，组织施工作业与检验批的质量验收。

教学目标：选择较典型饰面涂裱的实例，在实训老师与技工师傅的指导下，进行实际操作。通过实训，结合装饰工程施工的相关岗位要求，强化学生认知饰面涂裱的常用材料。通过组织饰面涂裱的施工作业，使学生熟悉并掌握施工工艺与方法和操作要点，正确使用施工工具和机具及维修保养，能用质量验收标准与检验方法组织检验批的质量验收，能组织实施成品与半成品保护和安全技术措施。

一、为保证教学效果，培养学生的施工操作技能，教学中应具备一定的教学条件。即学校有比较稳定的校外实习基地（如装饰公司）、校内的有装饰施工操作模拟实习工场。

二、选择较典型饰面涂裱的实例，在实训老师与有关师傅的指导下，进行实际操作。

三、饰面涂裱实训的内容。

四、可根据本地区的实际情况和建筑工程施工的特点，来选择饰面涂裱实训的内容。

课题1 涂料涂饰施工（实训操作1周）

（1）刷浆涂料

1) 滚涂与刷涂相结合或喷涂 10m^2 内墙（顶棚）石灰浆或大白浆。

2) 学生 2~3 人为一组。

（2）水溶性涂料

1) 滚涂与刷涂相结合或喷涂 10m^2 内墙（顶棚）803 内墙涂料。

2) 学生 2~3 人为一组。

（3）合成树脂乳液涂料

1) 滚涂与刷涂相结合或喷涂 10m^2 内墙（顶棚）乳胶漆。

2) 学生 2~3 人为一组。

（4）其他内墙涂料

1) 滚涂与刷涂相结合或喷涂 10m^2 内墙（顶棚）云彩内墙涂料。

2) 学生 2~3 人为一组。

（5）彩色弹涂涂料

1) 彩色弹涂 10m^2 内墙（顶棚）。

2) 学生 2~3 人为一组。

（6）油漆

1) 刷涂 10m^2 内墙（顶棚）调合漆。

2) 学生2～3人为一组。

课题2 油漆涂饰施工（实训操作1周）

(1) 混色油漆
1) 刷涂 5～8 m² 木地面混色调合漆。
2) 学生2～3人为一组。
(2) 本色油漆
1) 刷涂 5～8m² 木地面本色漆。
2) 学生2～3人为一组。
(3) 混色油漆
1) 刷涂 5～8m² 木材混色调合漆。
2) 学生2～3人为一组。
(4) 混色油漆
1) 刷涂 5～8m² 木门、窗或钢门、窗表面混色调合漆。
2) 学生2～3人为一组。
(5) 本色油漆
1) 刷涂 5～8m² 木门、窗表面本色油漆。
2) 学生2～3人为一组。
(6) 合成树脂厚质涂料
1) 刷涂地面 10m²。
2) 学生2～3人为一组。

课题3 裱糊饰面施工（实训操作1周）

(1) 壁纸
1) 裱糊 10m² 左右的壁纸（对花或不对花）。
2) 学生2～3人为一组。
(2) 墙布
1) 裱糊 10m² 左右的墙布（对花或不对花）。
2) 学生2～3人为一组。

课题4 门窗玻璃裁装施工（实训操作1周）

(1) 普通玻璃
1) 裁装装配 5m² 木门、窗或金属门、窗和塑料门、窗的玻璃。
2) 学生2～3人为一组。
(2) 压花玻璃或磨砂玻璃
1) 裁装装配 5m² 木门、窗或金属门、窗和塑料门、窗的玻璃。
2) 学生2～3人为一组。

参 考 文 献

[1] 《建筑施工手册》编写组. 建筑施工手册（第 4 版）. 北京：中国建筑工业出版社，2003
[2] 王朝熙主编. 建筑装饰装修施工工艺标准手册. 北京：中国建筑工业出版社，2004
[3] 马占有主编. 建筑装饰施工技术. 北京：中国建筑工业出版社，2003
[4] 徐峰，邹候招编著. 建筑涂装技术. 北京：中国建筑工业出版社，2005
[5] 费学宁，贾堤，池勇志主编. 功能性建筑涂料的工艺与应用. 北京：机械工业出版社，2004
[6] 李向阳主编. 建筑装饰装修工程质量监控与通病防治图表对照手册. 北京：中国电力出版社，2005
[7] 兰海明主编. 建筑装饰施工技术. 北京：中国建筑工业出版社，2003
[8] 张国强，喻李葵编著. 室内装修谨防人类健康杀手. 北京：中国建筑工业出版社，2003
[9] 陈晋楚主编. 建筑装饰装修涂裱工. 北京：中国建筑工业出版社，2003
[10] 瞿云才主编. 装饰涂裱工. 北京：机械工业出版社，2006
[11] 黄瑞先编著. 油漆工基本技术（修订版）. 北京：金盾出版社，2004
[12] 纪士斌主编. 建筑装饰装修材料. 北京：中国建筑工业出版社，2003
[13] 纪士斌，李建华编著. 建筑装饰装修工程施工. 北京：中国建筑工业出版社，2003
[14] 苏洁编著. 建筑涂料. 上海：同济大学出版社，1997
[15] 建设部《土建建筑工人技术等级培训计划与培训大纲》编委会编著. 土建建筑工人技术等级培训计划与培训大纲. 北京：中国建筑工业出版社，1992
[16] 北京中建建筑科学技术研究院等. JGJ/T 29—2003 建筑涂饰工程施工及验收规程. 北京：中国建筑工业出版社，2003
[17] 中华人民共和国建设部. JGJ 113—2003 建筑玻璃应用技术规程. 北京：中国建筑工业出版社，2003
[18] 中华人民共和国建设部. GB 50327—2001 住宅装饰装修工程施工规范. 北京：中国建筑工业出版社，2002
[19] 中华人民共和国建设部. GB 50210—2001 建筑装饰装修工程质量验收规范. 北京：中国建筑工业出版社，2002
[20] 河南省建设厅. GB 50325—2001 民用建筑工程室内环境污染控制规范. 北京：中国计划出版社，2002